Aviation Bookstore
aviation step by step

Plan de Vuelo

Edición 2

Aviation Bookstore
aviation step by step

Aviation Bookstore
aviation step by step

Editado y publicado por Nuria Rocio Balduzzi Raimondi
Aviation Bookstore ®

El contenido de este libro se desarrolla con fines educativos y de formación profesional. Texto original de autoría humana.

Introducción

Desde el inicio de los tiempos en la aviación, los pilotos requerían de una planificación previa, aunque en los primeros vuelos de la historia una planificación muy básica y acotada. Con el correr de los años, y con el constante crecimiento del tráfico aeronáutico, las planificaciones fueron incrementándose en cantidad y complejidad, pero no eran documentadas previamente.

Luego de la Segunda Guerra Mundial, comenzaron a surgir diferentes organismos que regulan a la aviación civil, creando diferentes normas y procedimientos en post a la seguridad del vuelo . uno de los grandes avances de estos organismos fue la creación de un formulario escrito de un plan de vuelo, con el objeto de documentar toda la información del vuelo y poder transmitirla a diferentes aeropuertos que intervenían en la ruta.

En la actualidad, la organización de aviación civil internacional (OACI), establece como obligatorio la presentación de un plan de vuelo previo a iniciar toda la actividad. En esta obra aprenderás todo lo relacionado a un plan de vuelo internacional, yo tendrás las herramientas necesarias para lograr completarlo ante cualquier situación de vuelo que se presente.

Capt. Facundo Conforti

Aviation Bookstore
aviation step by step

Índice

Capítulo 4 – Espacios Aéreos

Capítulo 5 – Regulaciones Aeronáuticas

Capítulo 1

Introducción al Plan de Vuelo

. Contenidos exclusivamente basados en los documentos de OACI y sus anexos, referentes a la reglamentación aeronáutica internacional.

Aviation Bookstore
aviation step by step

Introducción

A principios del siglo XX, cuando la aviación estaba en sus primeras etapas, los vuelos eran más simples y no requerían una planificación exhaustiva. Los pilotos realizaban vuelos cortos y básicos, y a menudo no necesitaban un plan de vuelo formal. Con el crecimiento de la aviación comercial y la aparición de las aerolíneas, se volvió necesario implementar una forma más organizada de planificación de vuelos. Surgieron las primeras formas de registros escritos para llevar un registro de la ruta, la duración estimada del vuelo y otros detalles relevantes.

Durante la Segunda Guerra Mundial, el plan de vuelo se convirtió en un aspecto crítico de la aviación militar. Los militares desarrollaron sistemas más avanzados de planificación de vuelos para coordinar misiones complejas y asegurar la seguridad de las tripulaciones. A medida que la aviación comercial se desarrollaba después de la Segunda Guerra Mundial, los planes de vuelo se volvieron más estructurados y formales. Surgieron organismos reguladores de la aviación civil que establecieron directrices y procedimientos para la presentación y aprobación de planes de vuelo.

Con la llegada de la electrónica y los sistemas de navegación por radio, la planificación de vuelos se volvió más precisa y eficiente. A mediados del siglo XX, las aerolíneas comenzaron a utilizar sistemas automatizados para presentar y gestionar los planes de vuelo. Con el aumento del tráfico aéreo y la necesidad de una coordinación más efectiva entre las aeronaves y el control del tráfico aéreo, se implementaron sistemas de gestión de planes de vuelo más sofisticados. Estos sistemas permitían una comunicación más rápida y eficiente entre los pilotos y los controladores de tráfico aéreo.

En la actualidad, la planificación de vuelos se ha vuelto altamente automatizada y se lleva a cabo mediante sistemas informáticos avanzados. Las aerolíneas y los pilotos pueden presentar y gestionar sus planes de vuelo a través de aplicaciones y sistemas en línea, lo que agiliza el proceso y mejora la coordinación con los controladores de tráfico aéreo.

En general, la historia del plan de vuelo en la aviación refleja cómo ha evolucionado la industria a lo largo del tiempo, desde los primeros vuelos pioneros hasta la sofisticada aviación comercial y de transporte de la actualidad. La planificación de vuelos sigue siendo un elemento fundamental para garantizar la seguridad y eficiencia de las operaciones aéreas.

¿Que es un plan de vuelo?

Un plan de vuelo es un documento detallado y formal que contiene información esencial sobre un vuelo antes de su realización. Este documento es preparado por el piloto o la aerolínea y es presentado a las autoridades de aviación y controladores de tráfico aéreo antes de que la aeronave despegue. El plan de vuelo contiene información vital que permite una planificación adecuada y una gestión segura del vuelo. Algunos de los elementos que se incluyen en un plan de vuelo típico son los siguientes:

Información de la aeronave: Se proporciona la matrícula o registro de la aeronave, su tipo y modelo, la categoría de vuelo (por ejemplo, vuelo comercial, vuelo privado) y otros datos específicos de la aeronave.

Ruta del vuelo: Se detalla la ruta exacta que seguirá la aeronave desde el punto de partida hasta su destino, incluyendo los puntos de navegación, las aerovías, las salidas y llegadas de los aeropuertos.

Hora estimada de salida (ETD) y hora estimada de llegada (ETA): Se especifica la hora en la que la aeronave tiene previsto despegar y la hora estimada en la que se espera que llegue a su destino.

Nivel de vuelo o altitud de crucero: Se indica la altitud a la que la aeronave volará durante diferentes segmentos del vuelo.

Velocidad estimada: Se proporciona una velocidad de referencia para calcular la duración estimada de cada segmento del vuelo.

Información sobre combustible: Se detalla la cantidad de combustible que llevará la aeronave, incluyendo el combustible requerido para llegar al destino y cualquier reserva adicional necesaria.

Información del piloto: Se incluye el nombre del piloto a cargo del vuelo y, en el caso de vuelos comerciales, se puede listar el nombre del copiloto y otros miembros de la tripulación.

Cargas peligrosas: Si la aeronave transporta materiales peligrosos, se proporciona información sobre ellos para que el personal en tierra y en vuelo pueda tomar las precauciones necesarias.

Un plan de vuelo es esencial para garantizar la seguridad y eficiencia de las operaciones aéreas. Además, proporciona una guía clara para los controladores de tráfico aéreo y otros servicios de navegación aérea para gestionar adecuadamente el flujo de tráfico aéreo y coordinar las operaciones de vuelo de manera efectiva.

¿Cómo es un plan de vuelo?

Un plan de vuelo es un documento de carácter internacional, diseñado por la OACI (organización de aviación civil internacional), y dispuesto al servicio por las autoridades de cada país.

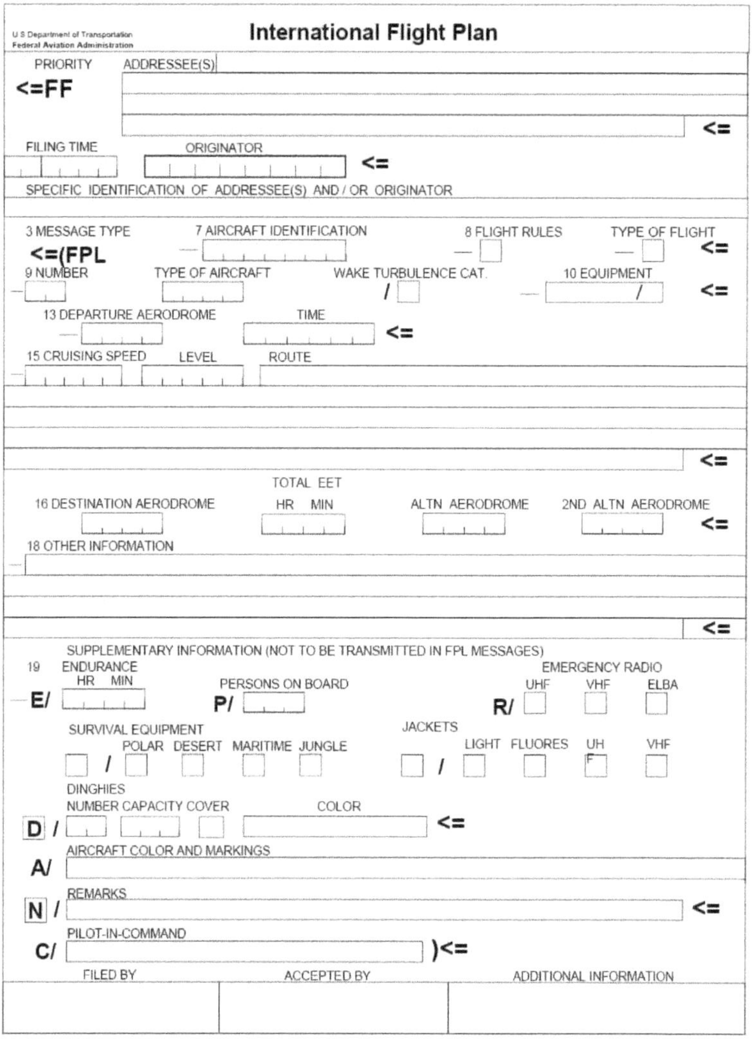
U S Department of Transportation
Federal Aviation Administration

International Flight Plan

PRIORITY ADDRESSEE(S)
<=FF
<=
FILING TIME ORIGINATOR
<=
SPECIFIC IDENTIFICATION OF ADDRESSEE(S) AND / OR ORIGINATOR

3 MESSAGE TYPE 7 AIRCRAFT IDENTIFICATION 8 FLIGHT RULES TYPE OF FLIGHT
<=(FPL <=
9 NUMBER TYPE OF AIRCRAFT WAKE TURBULENCE CAT. 10 EQUIPMENT
/ / <=
13 DEPARTURE AERODROME TIME
<=
15 CRUISING SPEED LEVEL ROUTE
<=
TOTAL EET
16 DESTINATION AERODROME HR MIN ALTN AERODROME 2ND ALTN AERODROME
<=
18 OTHER INFORMATION
<=

SUPPLEMENTARY INFORMATION (NOT TO BE TRANSMITTED IN FPL MESSAGES)
19 ENDURANCE EMERGENCY RADIO
HR MIN PERSONS ON BOARD UHF VHF ELBA
E/ P/ R/
SURVIVAL EQUIPMENT JACKETS
POLAR DESERT MARITIME JUNGLE LIGHT FLUORES UH VHF
/ /
DINGHIES
NUMBER CAPACITY COVER COLOR
D / <=
AIRCRAFT COLOR AND MARKINGS
A/
REMARKS
N / <=
PILOT-IN-COMMAND
C/)<=
FILED BY ACCEPTED BY ADDITIONAL INFORMATION

Si bien este formato único a nivel internacional, la autoridad aeronáutica de cada país podrá emitir su propio plan de vuelo con validez dentro del territorio nacional, o bien, optar por el formato internacional propuesto por la OACI.

El formulario de un plan de vuelo posee diferentes casillas para completar con números y palabras, otras casillas para marcar con una cruz, o simplemente renglones para describir una determinada frase y yo descripción. Considerando que este formulario se completa con números y códigos, no se identifica con ningún idioma en particular. Pero en el caso de que el piloto necesite escribir una descripción, podrá hacerlo en el idioma local del país de origen, o bien en el idioma inglés, idioma estandarizado en la aviación mundial.

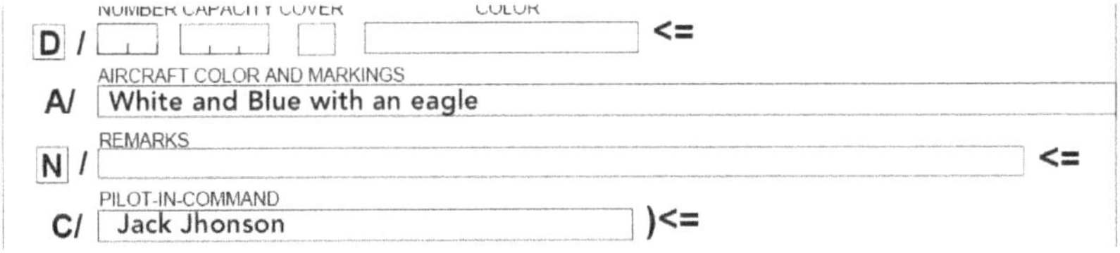
NUMBER CAPACITY COVER COLOR
D / <=
AIRCRAFT COLOR AND MARKINGS
A/ White and Blue with an eagle
REMARKS
N / <=
PILOT-IN-COMMAND
C/ Jack Jhonson)<=

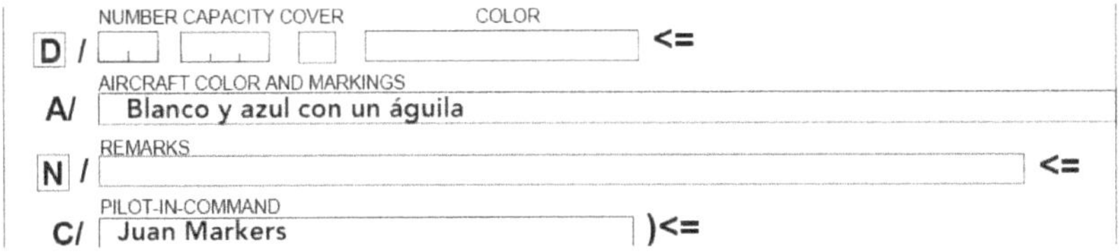
NUMBER CAPACITY COVER COLOR
D / <=
AIRCRAFT COLOR AND MARKINGS
A/ Blanco y azul con un águila
REMARKS
N / <=
PILOT-IN-COMMAND
C/ Juan Markers)<=

¿Cuantos tipos de planes de vuelo existen?

Si bien Plan de vuelo es único en tu formato de información, pueden existir algunas variables dentro de un mismo plan. Por ejemplo el plan de vuelo tradicional escrito, el mismo plan de vuelo pero transmitido por radio desde un avión hacia la torre de control, o un plan de vuelo repetitivo, donde las líneas aéreas que prevén el mismo vuelo en reiteradas ocaciones, presentan este tipo de formulario para ganar tiempo en las operaciones.

Medios para presentar un plan de vuelo

El plan de vuelo debe ser presentado ante la correspondiente oficina de notificación de los servicios de tránsito aéreo (ARO) en una de las siguientes formas: En papel, con formato OACI, en la oficina ARO/AIS del Aeródromo de Salida; Por radio, mientras la aeronave respectiva se encuentre en vuelo; Por medios electrónicos a la terminal AMHS de ARO/ AIS del Aeródromo de Salida, conforme a lo establecido en el "Procedimiento para la recepción, control, aceptación y transmisión del plan de vuelo automatizado" de la Autoridad Aeronáutica; Vía fax para el caso donde no exista oficina ARO/AIS en el Aeródromo de Salida; Vía telefónica para el caso donde no exista oficina ARO/AIS en el Aeródromo de Salida; Vía electrónica a la Oficina de Gestión de Plan de Vuelo cuando no exista Oficina ARO/AIS en el aeródromo de salida; o cualquier otro medio específico que cada país regule como apto para tal fin.

¿Es obligatorio presentar un plan de vuelo?

La obligatoriedad de presentar un plan de vuelo depende del tipo de vuelo, la ubicación geográfica y las regulaciones establecidas por la autoridad de aviación del país en el que se realiza el vuelo. En general, existen ciertos escenarios en los que la presentación del plan de vuelo es obligatoria:

- Cuando en el vuelo deban ser prestados los servicios de control de tránsito aéreo.
- Cuando el vuelo sea IFR.
- Cuando sea necesario el cruce de fronteras internacionales.

- Cuando el vuelo sea comercial regular.
- Cuando el vuelo sea efectuado por aeronaves extranjeras.
- Cuando el vuelo sea VFR y se requieran los servicios de Alerta.

Por otra parte, no es obligatorio presentar un plan de vuelo cuando no exista servicio de tránsito aéreo dentro del aeródromo de salida, o cuando el vuelo se efectúe dentro del TMA.

¿Cuándo presentar un plan de vuelo?

Los planes de vuelo no se presentarán con más de 120 horas de anticipación respecto de la hora prevista de fuera calzos (EOBT) y por lo menos 60 minutos antes de la salida para vuelos internacionales (IFR o VFR), y 30 minutos para vuelos nacionales (IFR o VFR), teniendo en cuenta los requisitos de información oportuna a las dependencias ATS en el espacio aéreo a lo largo de la ruta que se va a volar, incluso los requisitos de pronta presentación para la organización de la afluencia del tránsito aéreo (ATFM).

La comunicación de un plan de vuelo presentado en el aire (abreviado como AFIL) debe realizarse con 10 minutos de anticipación si la comunicación es directa o bien 20 minutos de anticipación si la comunicación es indirecta. Para los casos de emergencias o evacuaciones médicas, se aceptarán los planes de vuelo en formato físico o correo electrónico con 15 minutos de antelación a la EOBT. El plan tiene una vigencia de su iniciación de 30 minutos para los vuelos controlados y de 60 minutos para los no controlados, pasado este tiempo y si no se enmendó el mismo con una demora (DLA) este pierde su vigencia. Recuerda que la autoridad aeronáutica de cada país puede agregar o modificar las normativas vigentes, las cuales podrías variar de los estándares internacionales.

Plan de vuelo operacional

El plan de vuelo operacional es propio de las líneas aéreas, o empresas aerocomerciales. Si bien presenta ciertas similitudes con el plan de vuelo ATS, éste no debe ser presentado ante la dependencia del servicio de tránsito en el aeropuerto de salida, ya que responde a una documentación interna de la empresa como un servicio de asistencia al vuelo para los pilotos.

```
FLIGHT RELEASE          LAN ARGENTINA          BACKUP                   DATE **/**/**

NONSTOP COMPUTED *****    FOR  ETD *****       PROGS  0000ADF              PLAN ****

FROM SBGR/GRU  2459ft     TO   SAEZ/EZE     67ft      ETD **:**            ETA **:**

REG LV-A320  ACFT A320-200 KGS   ENGINE  IAEV2527-A5 CRZ C08        PERF.DEG:05.7

                FUEL   TIME          DOW           PLD       ZFWT      BRWT       LDGWT
TRIP FUEL     006027 02.38         044263          5000     049263    058868     052841
RESERVE       000700 00.06
ALTERNATE     001814 00.43      SAAR/ROS         FL210
HOLD ALTN     000914 00.30      1500 FT
REQUIRED      009455 03.57      FOD 03579 01.24                        MDF 03314 01.32
EXTRA         000150 00.05      FOR:______________________________________________
TAXI          000300
TOTAL         009905 04.02      SBGRSAEZ  R01-CU


TAKE OFF ALTERNATE:      /

ENROUTE DRIFTDOWN ALTERNATE:

THIS FPL IS COMPATIBLE WITH THE FOLLOWING ACFT: ALL A-320 OF LAN ARGENTINA'S
                                                  FLEET

FPL WAS COMPUTED WITH MEL/CDL ITEM NO:


MODIFY BURN-OFF FUEL IN 054 KG X EACH 1000 KG OF WEIGHT VARIATIONS UP OR DOWN

REASON FOR MODIFY FUEL: WEATHER / NOTAM / ATC / OTHERS______________________

ATIS:______________________________________________________________________

SBGR CG01 CURSE UM788 BGE UN741 PAPIX..EZE..EZE274010..EZE289010..
EZE..SAEZ

FL  300

CLEARANCE:_________________________________________________________________

DISTANCES: G.CIRCLE 0929 NM             AIR 1010 NAM            GROUND  0960 NM

AVERAGE DEST: W/C M023   ISA DEV P11  G.SPEED 0386   TAS 0410   MWSR 03/OGLAP

AVERAGE ALTV: W/C M011   ISA DEV P12  G.DIST 0218

RVSM & ALTIMETER REGISTER

(GND) TIME:____ UTC  CPT:_____ FT  F/O:_____ FT  DIFF:_____ FT  STBY:_____ FT

(TOC) TIME:____ UTC  CPT:_____ FT  F/O:_____ FT  DIFF:_____ FT  STBY:_____ FT

                       ATD ________          FUEL ON BOARD _____________
```

La página principal de un plan de vuelo operacional confeccionado por personal de la compañía, brinda la misma información con plan de vuelo tradicional e incluye datos del aeropuerto de salida y destino, datos de la aeronave, datos del tiempo de vuelo, datos de las diferentes cantidades de combustible que se planifican para el vuelo, la información relativa a las condiciones meteorológicas.

```
FLIGHT RELEASE          LAN ARGENTINA        BACKUP               DATE **/**/**

NONSTOP COMPUTED *****    FOR  ETD *****      PROGS  0000ADF            PLAN ****

FROM SBGR/GRU  2459ft     TO   SAEZ/EZE     67ft     ETD **:**          ETA **:**

REG LV-A320  ACFT A320-200 KGS   ENGINE  IAEV2527-A5 CRZ C06      PERF.DEG:05.7

              FUEL   TIME         DOW          PLD      ZFWT     BRWT       LDGWT
TRIP FUEL    006027 02.38       044263         5000    049263   058868     052841
RESERVE      000700 00.06
ALTERNATE    001814 00.43      SAAR/ROS      FL210
HOLD ALTN    000914 00.30      1500 FT
REQUIRED     009455 03.57      FOD 03579 01.24                     MDF 03314 01.32
EXTRA        000150 00.05      FOR:_____________________________________________
TAXI         000300
TOTAL        009905 04.02      SBGRSAEZ  R01-CU
```

Adicionalmente, ofrece la posibilidad de que el piloto copie la información del ATIS en este mismo plan, y la información del permiso de tránsito en la casilla correspondiente, a fin de tener toda la información actualizada en un mismo formulario.

```
ATIS:_____________________________________________________________________

SBGR CG01 CURSE UM788 BGE UN741 PAPIX..EZE..EZE274010..EZE289010..
EZE..SAEZ

FL  300

CLEARANCE:________________________________________________________________
```

En la página siguiente, el plan de vuelo operacional detalla todos los puntos de la ruta por los que la aeronave deberá sobrevolar, agregando información del tiempo de vuelo y distancia hasta cada punto. En esta sección, el piloto podrá ir completando los tiempos de vuelo real al pasar por cada punto, para compararlos con los tiempos calculados en la planificación previa.

POSN FREQ	LAT FL WIND	LONG OAT COMP	WSR MSA	M.C M.H	MAC TAS	TRP G.S	ZND DIST	ZNT TIME	ETO/RTO ATO	FUEL REMAN
SBGR	S2326.1	W04628.4								
PIER	S2328.7	W04626.9	02	247	CLB	100	007	00.01	___/___	009444
	071 26005	P14 M005	072	248	260	255	0007	00.01	______	___
CGO	S2337.6	W04639.3	00	253	CLB	100	014	00.03	___/___	009191
116.9	139 31007	P01 M001	072	253	316	315	0021	00.04	______	___
CURSE	S2409.1	W04709.8	01	242	CLB	100	042	00.07	___/___	008676
	263 27013	M22 M004	072	244	346	342	0063	00.11	______	___
TOC	S2420.4	W04721.0	01	242	CLB	100	015	00.03	___/___	008410
	300 26020	M31 M015	086	244	416	401	0078	00.14	______	___
PNG	S2532.1	W04831.9	01	242	686	100	096	00.14	___/___	007873
340.0	300 26020	M31 M015	086	244	416	401	0174	00.28	______	___
PAKOV	S2551.6	W04849.2	01	237	684	100	025	00.04	___/___	007733
	300 27022	M31 M016	086	240	415	399	0199	00.32	______	___
DELAY	S2604.0	W04900.3	01	238	683	100	016	00.02	___/___	007643
	300 27023	M31 M016	086	240	414	398	0215	00.34	______	___
NAFIL	S2645.8	W04938.1	02	238	682	100	054	00.08	___/___	007341
	300 27024	M32 M017	074	240	413	396	0269	00.42	______	___
MOVER	S2717.5	W05007.1	02	238	681	100	041	00.07	___/___	007111
	300 27026	M32 M018	083	240	412	394	0310	00.49	______	___
PENSO	S2802.8	W05049.3	02	237	681	100	059	00.09	___/___	006781
	300 27028	M32 M020	074	241	412	392	0369	00.58	______	___
ASDEK	S2835.7	W05120.5	02	237	679	100	043	00.06	___/___	006540
	300 27029	M32 M021	070	240	411	390	0412	01.04	______	___
BAKER	S2907.5	W05151.1	02	237	677	100	042	00.07	___/___	006304
	300 27031	M32 M023	046	240	410	387	0454	01.11	______	___
MUNOR	S3015.2	W05257.5	02	236	675	100	089	00.14	___/___	005803
	300 27033	M33 M024	043	239	408	384	0543	01.25	______	___
ISOBU	S3045.4	W05327.8	02	236	674	100	040	00.06	___/___	005578
	300 26034	M33 M026	033	239	407	381	0583	01.31	______	___
BGE	S3123.4	W05406.6	02	235	674	100	051	00.08	___/___	005292
115.3	300 26035	M33 M026	030	238	407	381	0634	01.39	______	___

Finalmente, la última página del formulario brinda la información de vuelo hacia las diferentes alternativas, agregando información meteorológica diferentes niveles de vuelo, y dejando dos espacio finales para las firmas del capitán del vuelo y del despachador que ha planificado este plan de vuelo operacional.

SUMMARY OF ALTERNATES AIRPORTS.

APTO	TF.ALT	TIME	FL	MSA	W/C	ISA	G.DIST	RTE	TF.DES	RFOB	BRWT
SAAR/ROS	1.814	00.43	210	023	M011	P12	218	ALT	6.027	9.755	058869
SAEZ/EZE	0.292	00.04	080	998	P003	P11	1	DCT	4.505	8.233	057346
SUMU/MVD	1.375	00.32	190	030	P018	P12	156	ALT	5.588	9.316	058429
SACO/COR	2.796	01.14	380	134	M036	P06	453	ALT	7.009	10.737	059851

WIND ALOFT

FL /	10000	28000	30000	34000	36000	40000
POS	Wind Tem WS	Wind Tem WS	Wind Tem WS	Wind Tem WS	Wind Tem WS	Wind Tem WS
PNG	30006P08-02	27018M27-01	26020M31-01	26023M40-01	25025M45-01	25027M54-00
PAKOV	30006P08-02	27020M27-01	27022M31-01	26027M41-01	26028M45-01	25031M54-00
DELAY	30006P08-02	27021M27-01	27023M31-01	26027M41-01	26029M45-02	25032M54-00
NAFIL	30007P08-01	27022M27-01	27024M32-02	26029M41-01	26031M45-01	25033M54-02
MOVER	29007P08-01	27024M27-01	27026M32-02	26031M41-01	26033M45-01	26036M54-02
PENSO	29007P08-01	27025M27-02	27028M32-02	26033M41-01	26036M45-01	26038M54-00
ASDEK	29007P08-01	27026M28-02	27029M32-02	26035M41-01	26037M45-01	26040M53-00
BAKER	28007P07-01	27028M28-02	27031M32-02	26037M41-01	26039M45-01	26042M53-00
MUNOR	28007P07-01	27029M28-02	27033M33-02	26039M41-02	26042M45-01	26045M53-00
ISOBU	27007P07-01	26031M29-02	26034M33-02	26041M42-02	26044M46-02	26048M53-00
BGE	27007P07-01	26032M29-02	26035M33-02	26043M42-02	26045M46-01	26049M53-00
ISALA	26007P07-02	26033M29-02	26036M34-02	27044M42-02	27047M46-02	26051M53-03
OGLAP	26007P07-01	26034M30-02	27038M34-03	27046M43-02	27049M46-02	27053M53-00
DUR	25008P06-02	26036M30-02	27039M35-02	27047M43-02	27051M47-02	27055M54-00
PONPA	25008P06-01	26036M30-02	27040M35-03	27048M43-02	27051M47-02	27056M54-00
PAPIX	25009P06-02	27037M31-02	27041M35-02	27049M44-02	27052M47-02	27057M54-00

CODED ICAO FLIGHT PLAN

```
(FPL-BACKUP-IS
-A320/M-SDE1E2FGHIRWY/S
-SBGR****
-N0416F300 CGO1 CURSE UM788 BGE UN741 PAPIX DCT EZE DCT
 3450S05844W DCT 3447S05844W DCT EZE DCT
-SAEZ0238 SAAR
-PBN/B1O1 DOF/130131 REG/***** EET/SUEO0143 SAEU0223 SEL/**** PER/C
 RMK/TCAS EQUIPPED
-E/0402 P/TBN R/UVE S/M J/L D/0 0 C NIL
 A/BLUE WHITE)
```

DISPATCHER:
I CERTIFY THIS FLIGHT HAS BEEN DISPATCHED IN ACCORDANCE WITH APPLICABLE REGULATIONS.

-----------------------------   ---------------------------
DISP: CAPT:

El plan de vuelo y el servicio de tránsito aéreo (ATS)

El control de tránsito aéreo (ATS) se basa en la disponibilidad constante de información sobre el progreso de los vuelos y las intenciones de los pilotos. El plan de vuelo es la fuente básica de dicha información y, como tal, constituye el eslabón vital entre el piloto y el controlador en lo tocante a la determinación del modo en que ha de realizarse el vuelo. El volumen y los pormenores de la información específica que una dependencia ATS necesita obtener del plan de vuelo depende de la función que desempeñe dicha dependencia ATS. Si bien los centros de control de ·rea (ACC) de información de vuelo (FIC) pueden necesitar información completa, las oficinas de control de aproximación y las torres de control de aeródromo puede que necesiten considerablemente menos información obtenida directamente del plan de vuelo. Además de las funciones básicas de los ATS, en algunos casos también se precisan datos de Plan de Vuelo a efectos de organización del tránsito aéreo.

Plan de vuelo repetitivo (RPL)

Las operaciones de vuelo planificadas previamente, que se efectúan regularmente y se repiten con frecuencia con las mismas características básicas, tales como identificación de las aeronaves, aeródromos de salida, ruta y punto de destino, etc., pueden quedar exentas de la necesidad de presentar un plan de vuelo por separado para cada vuelo. Existen procedimientos regionales relativos a estos vuelos repetitivos, que han estado en vigor durante varios años, que permiten que los explotadores presenten tales planes de vuelo para que las dependencias ATS los retengan y utilicen repetidamente.

Los RPL son planes de vuelo relativos a vuelos planificados previamente que se realizan regularmente y se repiten con frecuencia, con idénticas características básicas, y que pueden presentarse por los explotadores para su conservación y utilización repetida por las dependencias ATS durante un período de tiempo especificado, con lo que resulta innecesario que el explotador presente un plan de vuelo cada vez que se realiza uno de estos vuelos. Aparte de la reducción en el n˙mero de planes de vuelo que es necesario presentar, el empleo de los RPL ofrece algunas otras ventajas, tales como:

1. Reducción de errores debido a la mala escritura o a la forma incorrecta de llenar los formularios de plan de vuelo y a los errores de transmisión.

2. Reducción apreciable del volumen de trabajo de los explotadores, de las dependencias ATS y del personal de los servicios de telecomunicaciones aeronáuticas.

3. Reducción apreciable de la carga de los canales de comunicación utilizados entre las dependencias ATS y entre los explotadores y dichas dependencias.

4. Disponibilidad de los datos de plan de vuelo con bastante antelación a los vuelos, lo que permite preparar a tiempo las fichas de progreso de vuelo y la pronta presentación de datos de plan de vuelo, con lo cual se puede facilitar la planificación preliminar de la afluencia del tránsito aéreo.

Consideraciones especiales relativas a los RPL

Los RPL no se utilizaron en vuelos que no sean los IFR regulares realizados en el mismo dìa (o en los mismos días) de semanas consecutivas y en 10 ocasiones por lo menos, o cotidianamente durante un período de por lo menos 10 días consecutivos. Los elementos de cada plan de vuelo deberán tener un alto grado de estabilidad. Los RPL comprenderán todo el vuelo desde el aeródromo de salida hasta el aeródromo de destino. Los procedimientos RPL se aplicarán solamente a condición de que todas las autoridades ATS interesadas en los vuelos en cuestión hayan convenido en aceptar los RPL. Los Estados no aplicarán los RPL para vuelos internacionales, a menos que los Estados contiguos afectados ya los usen o vayan a usarlos al mismo tiempo. Los procedimientos relativos a la utilización de dichos planes entre los Estados serán objeto de acuerdos bilaterales, multilaterales o de acuerdos regionales de navegación aérea, seg'n el caso. A continuación se muestra un ejemplo de un formulario para un plan de vuelo repetitivo:

A EXPLOTADOR										B DESTINATARIO(S)			C AERODROMO(S) DE SALIDA			D FECHA - - - - - - AAMMDD	E NUM. DE SERIE -- --	F PAGINA DE --/--
																G INFORMACION SUPLEMENTARIA (Casilla 19) EN:		
H + -	I VALIDO DESDE aammdd	J VALIDO HASTA aammdd	K DIAS DE OPERACION							L IDENTIFI-CACION DE LA AERONAVE (Casilla 7)	M TIPO DE AERONAVE Y CATEGORIA DE ESTELA TURBULENTA (Casilla 9)	N AERODROMO DE SALIDA Y HORA (Casilla 13)	D RUTA (Casilla 15) VELOCIDAD DE CRUCERO	NIVEL	RUTA	P AERODROMO DE DESTINO Y DURACION TOTAL PREVISTA (Casilla 16)		O OBSERVACIONES
			1	2	3	4	5	6	7									

Plan de vuelo FAA

Tal como se mencionó anteriormente, las regulaciones internacionales permiten que cada estado pueda implementar, adicionalmente, un formulario de plan de vuelo único para su estado. La administración federal de aviación en Estados Unidos, implementa un formulario de plan de vuelo específico para sus operaciones nacionales.

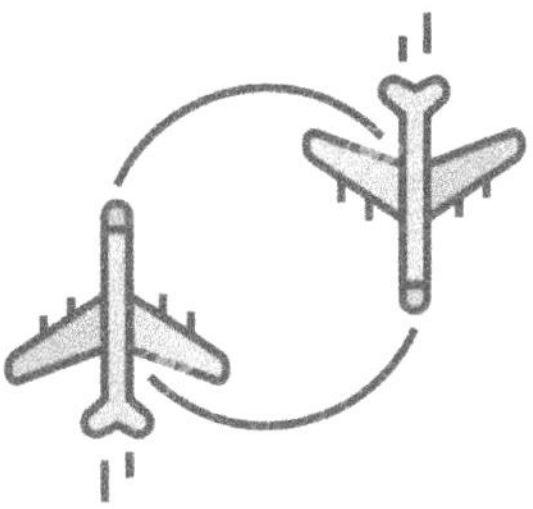

U.S. DEPARTMENT OF TRANSPORTATION
FEDERAL AVIATION ADMINISTRATION
FLIGHT PLAN

(FAA USE ONLY) ☐ PILOT ☐ VNR ☐ STOPOVER | TIME STARTED | SPECIALIST INITIALS

1. TYPE: VFR / IFR / DVFR
2. AIRCRAFT IDENTIFICATION
3. AIRCRAFT TYPE/ SPECIAL EQUIPMENT
4. TRUE AIRSPEED — KTS
5. DEPARTURE POINT
6. DEPARTURE TIME — PROPOSED (Z) / ACTUAL (Z)
7. CRUISING ALTITUDE
8. ROUTE OF FLIGHT
9. DESTINATION (Name of airport and city)
10. EST. TIME ENROUTE — HOURS / MINUTES
11. REMARKS
12. FUEL ON BOARD — HOURS / MINUTES
13. ALTERNATE AIRPORT(S)
14. PILOT'S NAME, ADDRESS & TELEPHONE NUMBER & AIRCRAFT HOME BASE
15. NUMBER ABOARD
16. COLOR OF AIRCRAFT
17. DESTINATION CONTACT/TELEPHONE (OPTIONAL)

CIVIL AIRCRAFT PILOTS. FAR Part 91 requires you file an IFR flight plan to operate under instrument flight rules in controlled airspace. Failure to file could result in a civil penalty not to exceed $1,000 for each violation (Section 901 of the Federal Aviation Act of 1958, as amended). Filing of a VFR flight plan is recommended as a good operating practice. See also Part 99 for requirements concerning DVFR flight plans.

Plan de vuelo en vuelo

En caso de que un vuelo se inicie desde una zona no controlada como un campo fuera del sector TMA o pista privada, pero prevea que ingresará o sobrevolará un espacio aéreo controlado, el piloto debe presentar un plan de vuelo en vuelo y previo a ingresar al espacio aéreo controlado.

Toda la información del plan de vuelo se transmitirá por la frecuencia de radio al control ATS correspondiente con una anticipación de 10 minutos previo al ingreso en su espacio aéreo controlado, o con una anticipación de 20 minutos en caso de qué la información no sea mediante una comunicación directa entre el piloto y el controlador de tránsito, sino que exista una retransmisión de una segunda aeronave, una comunicación entre el piloto que transmite el plan de vuelo y un piloto de otra aeronave que funcionará como enlace entre este y la torre de control. Estos casos suelen presentarse cuando la aeronave que desea transmitir un plan de vuelo no logra establecer comunicación directa por radio con la torre de control, y una segunda aeronave le ofrece asistencia con una retransmisión.

Cumplimiento del plan de vuelo

Los planes de vuelo deben ser cumplidos a menos que surja una situación de emergencia que requiera una acción inmediata por parte de la aeronave. En tal caso, se debe informar al ATCU lo antes posible. Si la TAS promedio a nivel de crucero entre los puntos de reporte varía o se espera que varíe en +/- 5% de la TAS indicada en el campo 7 del plan de vuelo, se debe informar al ATCU. Si una estimación para el próximo punto de reporte aplicable, el límite de FIR o el aeródromo de destino cambia en más de 3 minutos con respecto a lo notificado anteriormente, se debe comunicar el tiempo revisado al ATCU correspondiente.

Finalización del plan de vuelo

Para cerrar un Plan de Vuelo/Informe de Llegada, a menos que se apliquen procedimientos específicos del operador o locales, se debe realizar un informe de llegada en persona, por radio o mediante enlace de datos, lo más pronto posible después del aterrizaje al ATSU (Unidad de Servicios de Tráfico Aéreo) correspondiente en el aeródromo de llegada, para cualquier vuelo o parte de un vuelo para el cual se haya presentado un plan de vuelo. Al recibir el informe de llegada en el ATSU, se cerrará el plan de vuelo. Cuando se sabe que las instalaciones de comunicación son inadecuadas y no existen instalaciones alternativas para el manejo de mensajes, se debe transmitir un mensaje comparable a un informe de llegada por parte de la aeronave. Siempre que se requiera un informe de llegada, el incumplimiento de estas disposiciones puede causar graves interrupciones en los servicios de tráfico aéreo y generar gastos importantes al llevar a cabo operaciones innecesarias de búsqueda y rescate (SAR, por sus siglas en inglés). Un informe de llegada realizado por una aeronave debe contener lo siguiente:

- Identificación de la aeronave;
- Aeródromo de salida;
- Aeródromo de destino;
- Aeródromo de llegada;
- Hora de llegada.

Capítulo 2

¿Cómo completar un plan de vuelo?

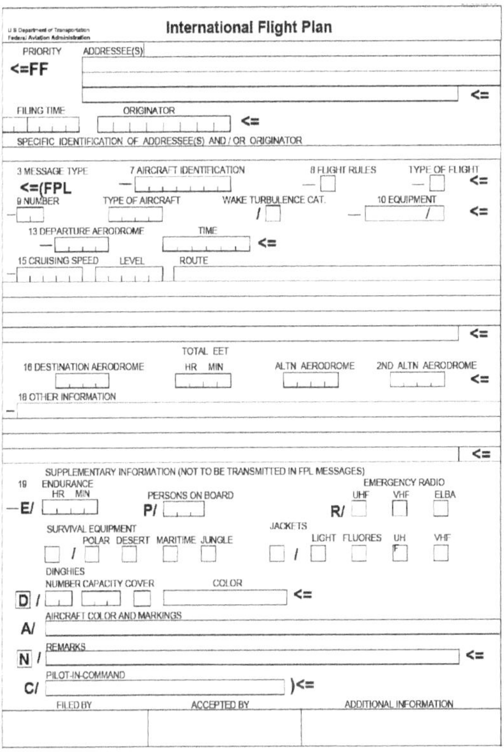
U S Department of Transportation
Federal Aviation Administration

International Flight Plan

PRIORITY ADDRESSEE(S)
<=FF
<=
FILING TIME ORIGINATOR
<=
SPECIFIC IDENTIFICATION OF ADDRESSEE(S) AND / OR ORIGINATOR

3 MESSAGE TYPE 7 AIRCRAFT IDENTIFICATION 8 FLIGHT RULES TYPE OF FLIGHT
<=(FPL — — — <=
9 NUMBER TYPE OF AIRCRAFT WAKE TURBULENCE CAT. 10 EQUIPMENT
— / — / <=
13 DEPARTURE AERODROME TIME
— <=
15 CRUISING SPEED LEVEL ROUTE
—
<=
TOTAL EET
16 DESTINATION AERODROME HR MIN ALTN AERODROME 2ND ALTN AERODROME
<=
18 OTHER INFORMATION
—
<=
SUPPLEMENTARY INFORMATION (NOT TO BE TRANSMITTED IN FPL MESSAGES)
19 ENDURANCE EMERGENCY RADIO
HR MIN PERSONS ON BOARD UHF VHF ELBA
—E/ P/ R/
SURVIVAL EQUIPMENT JACKETS
POLAR DESERT MARITIME JUNGLE LIGHT FLUORES UHF VHF
/ /
DINGHIES
NUMBER CAPACITY COVER COLOR
D / <=
AIRCRAFT COLOR AND MARKINGS
A/
REMARKS
N / <=
PILOT-IN-COMMAND
C/)<=
FILED BY ACCEPTED BY ADDITIONAL INFORMATION

Aviation Bookstore
aviation step by step

. Contenidos exclusivamente basados en los documentos de OACI y sus anexos, referentes a la reglamentación aeronáutica internacional.

Aviation Bookstore
aviation step by step

Introducción

El formulario de un plan de vuelo debe completarse con diferentes códigos y números de carácter internacional. Esta simbología para completar un plan de vuelo no responde a ningún idioma particular, sino que se basa en códigos aeronáuticos estandarizados a nivel mundial.

La primera sección de un plan de vuelo (sección superior) es de uso exclusivo para la autoridad aeronáutica de cada país y no bede ser completada por los pilotos.

U.S. Department of Transportation
Federal Aviation Administration

International Flight Plan

PRIORITY

<=FF

ADDRESSEE(S)

<=

FILING TIME

ORIGINATOR

<=

SPECIFIC IDENTIFICATION OF ADDRESSEE(S) AND / OR ORIGINATOR

Debajo de esta sección superior comienzan las casillas relevantes para el piloto, quien deberá llenarlas sin dejar ninguna en blanco. En algunos casos, los formularios de un plan de vuelo pueden tener numeradas a algunas de sus casillas con el objeto de una fácil y rápida identificación.

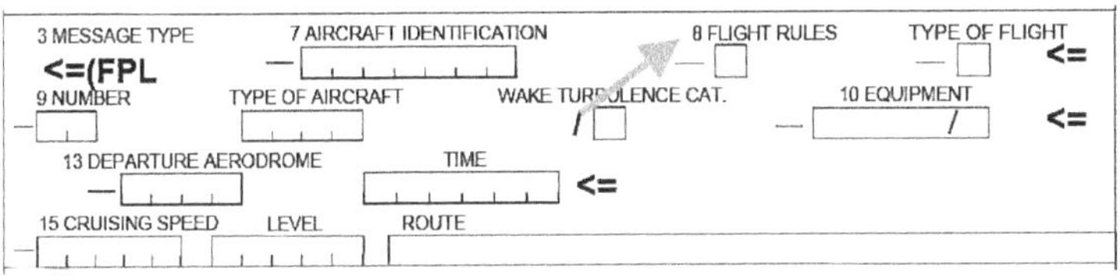
3 MESSAGE TYPE

<=(FPL

7 AIRCRAFT IDENTIFICATION

8 FLIGHT RULES

TYPE OF FLIGHT

<=

9 NUMBER

TYPE OF AIRCRAFT

WAKE TURBULENCE CAT.

10 EQUIPMENT

<=

13 DEPARTURE AERODROME

TIME

<=

15 CRUISING SPEED

LEVEL

ROUTE

U S Department of Transportation
Federal Aviation Administration

International Flight Plan

PRIORITY <=FF

ADDRESSEE(S) <=

FILING TIME

ORIGINATOR <=

SPECIFIC IDENTIFICATION OF ADDRESSEE(S) AND / OR ORIGINATOR

3 MESSAGE TYPE <=(FPL

7 AIRCRAFT IDENTIFICATION —

8 FLIGHT RULES —

TYPE OF FLIGHT — <=

9 NUMBER —

TYPE OF AIRCRAFT

WAKE TURBULENCE CAT. /

10 EQUIPMENT — / <=

13 DEPARTURE AERODROME —

TIME <=

15 CRUISING SPEED —

LEVEL

ROUTE <=

16 DESTINATION AERODROME

TOTAL EET HR MIN

ALTN AERODROME

2ND ALTN AERODROME <=

18 OTHER INFORMATION — <=

SUPPLEMENTARY INFORMATION (NOT TO BE TRANSMITTED IN FPL MESSAGES)

19 ENDURANCE HR MIN —E/

PERSONS ON BOARD P/

EMERGENCY RADIO R/ UHF VHF ELBA

SURVIVAL EQUIPMENT / POLAR DESERT MARITIME JUNGLE

JACKETS / LIGHT FLUORES UHF VHF

DINGHIES

NUMBER CAPACITY COVER COLOR D / <=

AIRCRAFT COLOR AND MARKINGS A/

REMARKS N / <=

PILOT-IN-COMMAND C/)<=

FILED BY	ACCEPTED BY	ADDITIONAL INFORMATION

Instrucciones para completar el plan de vuelo

El formulario de un plan de vuelo debe completarse con letra imprenta, en lo posible Mayúsculas para una mejor lectura. Si bien el orden de llenado de las casillas no responde a una reglamentación específica, se sugiere completar el formulario de izquierda a derecha y de arriba hacia abajo, tal como el orden de lectura de un libro. Esto ayudará a minimizar la posibilidad de olvidar completar alguna casilla, pero en caso de que esto suceda, el personal aeronáutico de la dependencia ATS le notificará al piloto de que el formulario está incompleto, se lo devolverá y este podrá continuar escribiendo la información faltante.

Con el objeto de facilitar la descripción de cada casilla en el formulario, dividiremos el plan de vuelo tres secciones. La primera sección se describe con las casillas de izquierda a derecha y de arriba hacia abajo.

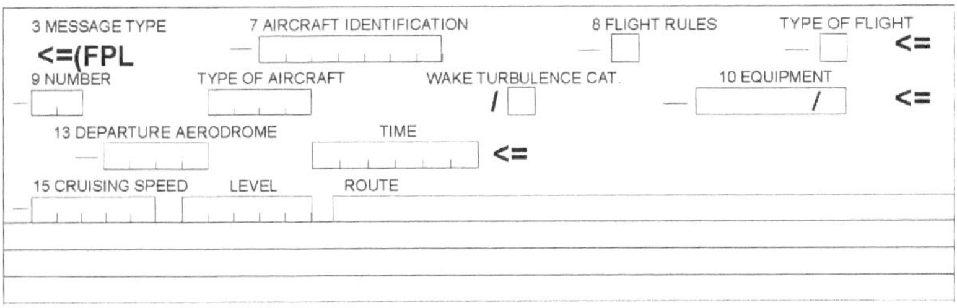
3 MESSAGE TYPE
<=(FPL
7 AIRCRAFT IDENTIFICATION
8 FLIGHT RULES
TYPE OF FLIGHT
<=
9 NUMBER
TYPE OF AIRCRAFT
WAKE TURBULENCE CAT.
/
10 EQUIPMENT
/
<=
13 DEPARTURE AERODROME
TIME
<=
15 CRUISING SPEED
LEVEL
ROUTE

Identificación de aeronave

Esta casilla del formulario cuenta con un espacio para siete caracteres que describen la identificación de la aeronave. Esta identificación se puede pasar mediante la matrícula de la aeronave, o el código de designación del vuelo que la compañía otorgue en caso de una línea aérea comercial. En todos los casos será la designación o nombre que se utilizará para comunicarse por radio con la aeronave.

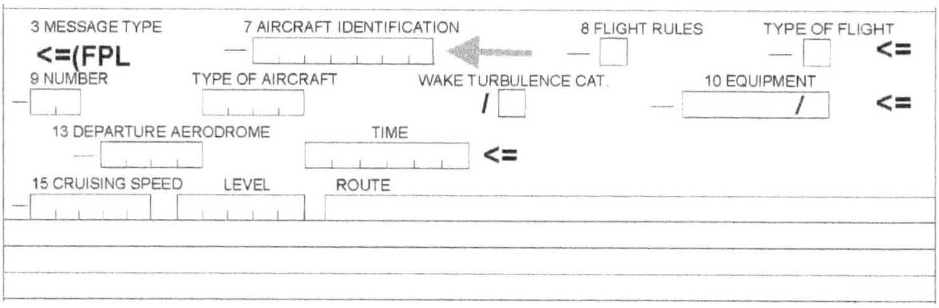
3 MESSAGE TYPE
<=(FPL
7 AIRCRAFT IDENTIFICATION
8 FLIGHT RULES
TYPE OF FLIGHT
<=
9 NUMBER
TYPE OF AIRCRAFT
WAKE TURBULENCE CAT.
/
10 EQUIPMENT
/
<=
13 DEPARTURE AERODROME
TIME
<=
15 CRUISING SPEED
LEVEL
ROUTE

Reglas de vuelo

Esta casilla del formulario cuenta con un espacio para una sola letra. Se debe declarar si el vuelo se efectuará bajo reglas de vuelo visual (VFR) o bajo reglas de vuelo instrumental (IFR). Esta información es de suma importancia ya que cada una de estas reglas de vuelo cuentas con valores meteorológicos mínimos diferentes. Esta casilla puede completarse con cuatro opciones: V para vuelos VFR; I para vuelos IFR; Y para vuelos que comienzan bajo reglas instrumentales o IFR y finalizar bajo reglas visuales o VFR; y Z para situaciones inversas donde los vuelos comienzan bajo reglas VFR y finalizan bajo reglas IFR.

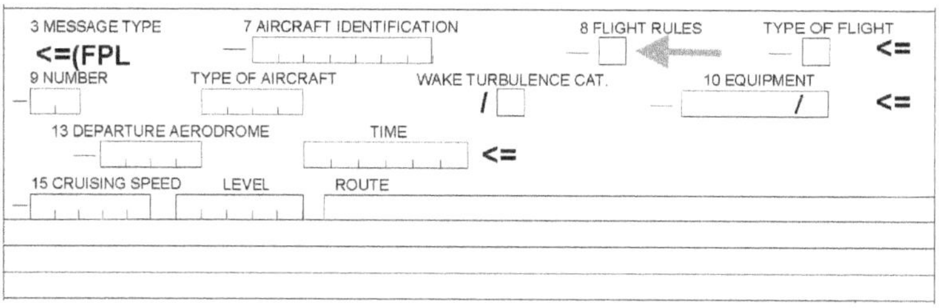
3 MESSAGE TYPE
<=(FPL
7 AIRCRAFT IDENTIFICATION
8 FLIGHT RULES
TYPE OF FLIGHT
<=
9 NUMBER
TYPE OF AIRCRAFT
WAKE TURBULENCE CAT.
/
10 EQUIPMENT
/
<=
13 DEPARTURE AERODROME
TIME
<=
15 CRUISING SPEED
LEVEL
ROUTE

Recuerda que los mínimos meteorológicos para un vuelo visual (VFR) exigen una visibilidad horizontal mínima de 2500 metros, un techo de nubes mínimo de 1000 pies, y contacto visual permanente con la superficie del terreno. Cualquier valor por debajo de estos límites cambian a las reglas de vuelo de VFR a IFR. Por otra parte, cualquier vuelo que sobrepase la altitud de 19,500 pies, o FL195, será considerado un vuelo bajo reglas IFR, independientemente de las condiciones meteorológicas.

Tipo de vuelo

Esta casilla del formulario cuenta con un espacio para una sola letra, idéntica a la anterior. Se debe declarar el tipo de vuelo a realizar y depende de la finalidad de este. Se debe completar con alguna de las siguientes opciones:

S – Si es un vuelo de Servicio Aéreo Regular.

N – Si es un vuelo de Transporte Aéreo No Regular.

G – Si es un vuelo de Aviación General (así sea privado, instrucción, etc.).

M – Si es un vuelo Militar.

X – Si el vuelo no corresponde a ninguna de las anteriores categorías

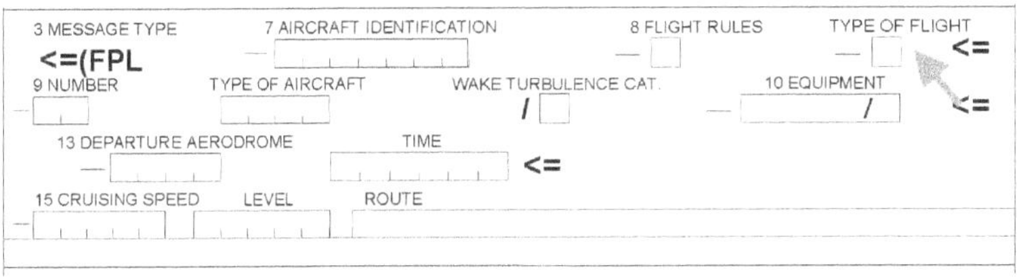
3 MESSAGE TYPE
<=(FPL
7 AIRCRAFT IDENTIFICATION
8 FLIGHT RULES
TYPE OF FLIGHT
<=
9 NUMBER
TYPE OF AIRCRAFT
WAKE TURBULENCE CAT.
/
10 EQUIPMENT
/
<=
13 DEPARTURE AERODROME
TIME
<=
15 CRUISING SPEED
LEVEL
ROUTE

Número

Esta casilla del formulario suele presentar algunas confusiones. No hace referencia al numero de vuelo, sino al número de aeronaves que están involucradas en el mismo plan de vuelo. Usualmente utilizada para los vuelos en formación con mas de una aeronave y una misma finalidad.

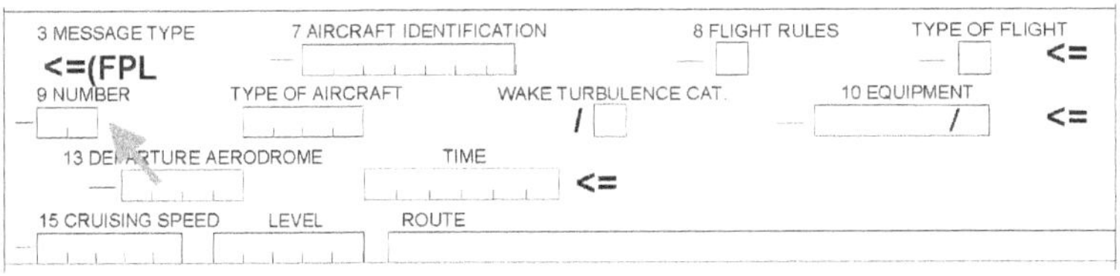
3 MESSAGE TYPE
<=(FPL
7 AIRCRAFT IDENTIFICATION
8 FLIGHT RULES
TYPE OF FLIGHT
<=
9 NUMBER
TYPE OF AIRCRAFT
WAKE TURBULENCE CAT.
/
10 EQUIPMENT
/
<=
13 DEPARTURE AERODROME
TIME
<=
15 CRUISING SPEED
LEVEL
ROUTE

Tipo de aeronave

Esta casilla del formulario ofrece un espacio para 4 caracteres que describan al modelo de la aeronave. Se debe declarar el código OACI de la aeronave con la cual se realizará el vuelo (disponible en el Doc. Designadores de tipos de aeronaves y Doc. 8643 de la OACI). Por ejemplo, la mayoría de las aeronaves de Cessna comienzan con la letra C, seguida del número del modelo (C150, C182, etc). Los modelos de Airbus comienzan con la letra A, seguido del numero del modelo (A320, A330, etc). Si la aeronave en cuestión no se le ha asignado un código, será suficiente con declarar *ZZZZ* y luego especificar claramente el tipo de aeronave en la casilla 18, precedido de "TYP/".

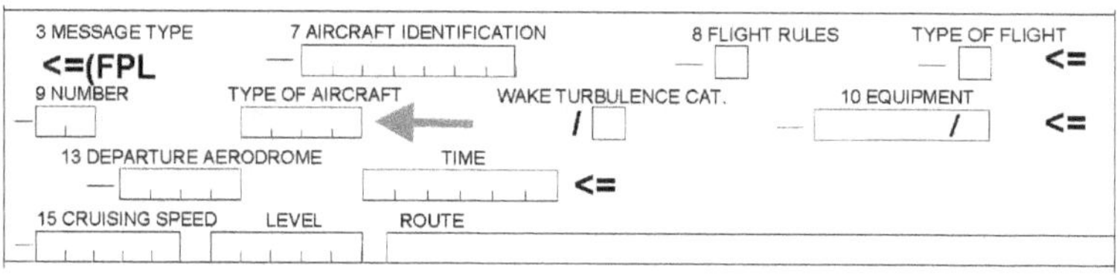
3 MESSAGE TYPE
<=(FPL
7 AIRCRAFT IDENTIFICATION
8 FLIGHT RULES
TYPE OF FLIGHT
<=
9 NUMBER
TYPE OF AIRCRAFT
WAKE TURBULENCE CAT.
/
10 EQUIPMENT
/
<=
13 DEPARTURE AERODROME
TIME
<=
15 CRUISING SPEED
LEVEL
ROUTE

Categoría de estela turbulenta

Esta casilla del formulario ofrece un espacio para una sola letra que describa la categoría de la estela turbulenta asignada a la aeronave que se ha declarado en la casilla anterior. La categoría de estela turbulenta de una aeronave está definida por su peso máximo de despegue y se divide en tres valores mencionados con letras:

Categoría H (heavy): aeronaves certificadas para un peso máximo de despegue de 136.000 kilos o superior.

Categoría M (médium): aeronaves certificadas para un peso máximo de despegue de 7.000 kilos y 136.000 kilos.

Categoría L (light): aeronaves certificadas para un peso máximo de despegue inferior a 7.000 kilos.

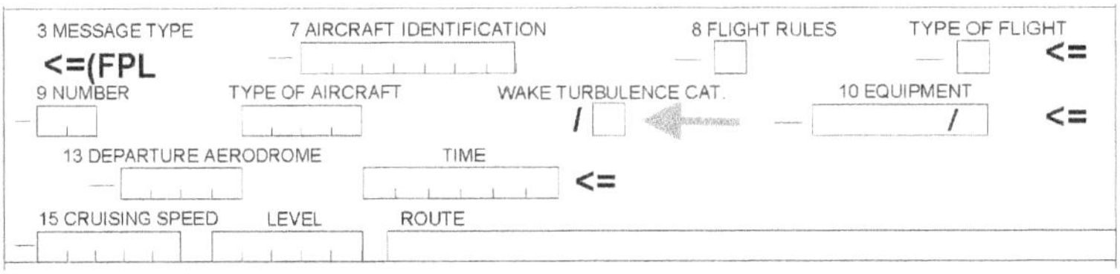
3 MESSAGE TYPE <=(FPL
7 AIRCRAFT IDENTIFICATION
8 FLIGHT RULES
TYPE OF FLIGHT <=
9 NUMBER
TYPE OF AIRCRAFT
WAKE TURBULENCE CAT. /
10 EQUIPMENT / <=
13 DEPARTURE AERODROME
TIME <=
15 CRUISING SPEED
LEVEL
ROUTE

Equipamiento de la aeronave

Esta casilla del formulario ofrece dos espacios separados por una barra. En el lado izquierdo de la barra se declara el código para el equipamiento de comunicación, navegación y aproximación que posea la aeronave. En el lado derecho de la barra se declara el código asignado para el equipamiento de vigilancia que tenga instalado la aeronave.

A continuación se detallas todos los códigos para el equipamiento de comunicaciones, navegación y aproximación:

A – LORAN A
C – LORAN C
D – DME
E – Decca
F – ADF
G – GPS
H – HF (Radiotelefonía)
I – Inercial
J – Enlace de datos
K – MLS
L – ILS
M – Omega
O – VOR
P – Doppler
R – Equipo de ruta RNAV
T – TACAN
U – UHF (Radiotelefonía)
V – VHF (Radiotelefonía)
Z – Otro equipo instalado a bordo

Se puede insertar la letra **S** si se lleva equipo normalizado a bordo, con esto comprendemos VHF RTF, ADF, VOR, ILS y DME. En caso de no poseer ningún tipo equipo de equipo para las comunicaciones ni para la navegación se deberá insertar la letra **N**.

A continuación se detallas todos los códigos para el equipamiento de comunicaciones, navegación y aproximación:

N – No hay respondedor a bordo.
A – Respondedor Modo Alfa.
C – Respondedor Modo Alfa y Modo Charlie.
X – Respondedor Modo Sierra. Sin transmisión de identificación de aeronave ni altitud.
P - Respondedor Modo Sierra. Sin transmisión de identificación pero sí de altitud.
I - Respondedor Modo Sierra. Sin transmisión de altitud pero sí identificación.
S - Respondedor Modo Sierra. Con transmisión de identificación de aeronave y de altitud.

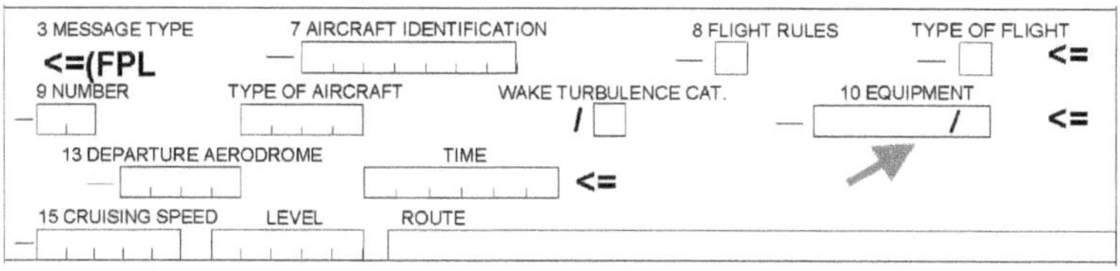
3 MESSAGE TYPE
<=(FPL
7 AIRCRAFT IDENTIFICATION
8 FLIGHT RULES
TYPE OF FLIGHT
<=
9 NUMBER
TYPE OF AIRCRAFT
WAKE TURBULENCE CAT.
10 EQUIPMENT
<=
13 DEPARTURE AERODROME
TIME
<=
15 CRUISING SPEED
LEVEL
ROUTE

Aeródromo de salida

Esta casilla del formulario ofrece un espacio para cuatro letras. Aquí se debe declarar el indicador OACI del aeródromo de salida, o si no se ha asignado un indicador de lugar, se deberá indicar ZZZZ, y en la casilla 18, el nombre del aeródromo, precedido de DEP/, empleando el designador nacional de tres letras, o si no se dispone el nombre en texto claro.

Por ejemplo, el designador OACI para el aeropuerto internacional de Miami es KMIA; para el aeropuerto internacional de México es MMMX. En caso de que el origen sea una pista privada sin designación OACI u otra, luego de declarar ZZZZ, se podrá detallar el nombre del lugar, por ejemplo, DEP/ estancia "TEC".

En caso de que el personal aeronáutico en la dependencia ATS reciba un plan de vuelo que se haya transmitido de una aeronave en vuelo, se deberá insertar AFIL, e indicar, en la casilla 18, el indicador de lugar OACI.

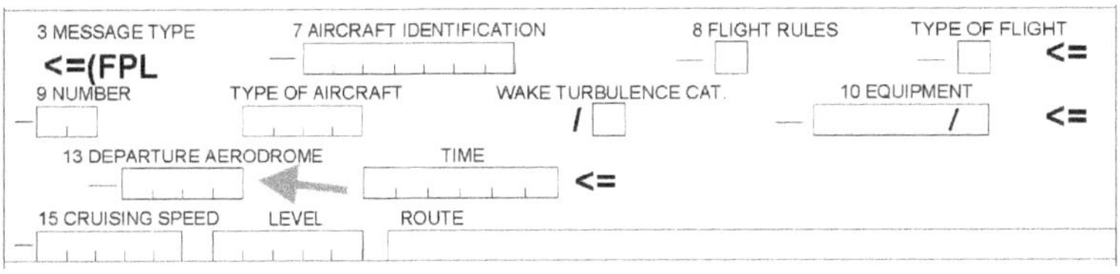

3 MESSAGE TYPE
<=(FPL
7 AIRCRAFT IDENTIFICATION
8 FLIGHT RULES
TYPE OF FLIGHT
<=
9 NUMBER
TYPE OF AIRCRAFT
WAKE TURBULENCE CAT.
/
10 EQUIPMENT
/
<=
13 DEPARTURE AERODROME
TIME
<=
15 CRUISING SPEED
LEVEL
ROUTE

Recuerda que este es un dato muy importante, ya que entre la información del aeródromo de origen y destino, la dependencia del ATS trazará tu ruta de vuelo y podrán monitorear toda tu trayectoria.

Hora

Esta casilla del formulario ofrece un espacio para seis caracteres. Aquí se debe declarar la hora exacta de "fuera calzos", en la mayoría de las aeronaves pequeñas es la hora de encendido del motor. En grandes aeronaves comerciales, es la hora de inicio del retroceso, procedimiento anterior al encendido de los motores. Este valor se debe declarar en el formato de hora UTC (coordinated universal time).

Hagamos un breve repaso de este tipo de uso horario. Debido a la gran cantidad de diferentes usos horarios en todo el mundo, se ha establecido un valor de tiempo coordinado a nivel mundial que parte desde el meridiano de Greenwich, donde el valor es de cero, es decir la hora local es igual a la hora UTC. Considerando que el meridiano de Greenwich divide al mundo en dos hemisferios, este y oeste, los países deberán sumar o restar un determinado valor a su hora local para obtener el valor de la hora UTC, en función a su ubicación respecto del meridiano de Greenwich. Por ejemplo, en Argentina la hora UTC es la hora local +3hs, es decir, cuando un vuelo debe declarar su hora a las 11:00 am local, en el plan de vuelo deberá declarar 15:00 UTC.

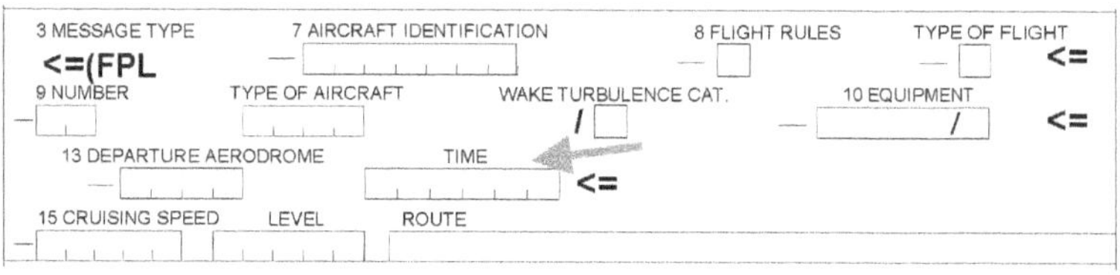

3 MESSAGE TYPE
<=(FPL
7 AIRCRAFT IDENTIFICATION
8 FLIGHT RULES
TYPE OF FLIGHT
<=
9 NUMBER
TYPE OF AIRCRAFT
WAKE TURBULENCE CAT.
/
10 EQUIPMENT
/
<=
13 DEPARTURE AERODROME
TIME
<=
15 CRUISING SPEED
LEVEL
ROUTE

Velocidad en crucero

Esta casilla del formulario ofrece un espacio para cinco caracteres. Aquí se debe declarar la velocidad promedio que la aeronave prevea llevar durante el tramo de vuelo en crucero. Este valor pude ser expresado en tres unidades de medida: km/hr, kt, o en número de Mach. Para cada una de estas medidas se expresa de la siguiente manera: En kilómetros por hora, K0700. En nudos, N0250. En número de Mach M086.

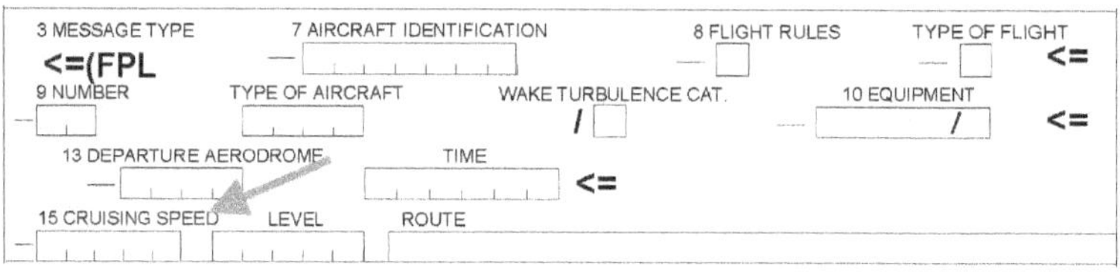

3 MESSAGE TYPE
<=(FPL
7 AIRCRAFT IDENTIFICATION
8 FLIGHT RULES
TYPE OF FLIGHT
<=
9 NUMBER
TYPE OF AIRCRAFT
WAKE TURBULENCE CAT.
/
10 EQUIPMENT
/
<=
13 DEPARTURE AERODROME
TIME
<=
15 CRUISING SPEED
LEVEL
ROUTE

Altitud o nivel de vuelo en crucero

Esta casilla del formulario ofrece un espacio para cinco caracteres, al igual que en el ejemplo anterior. Aquí se debe declarar la altitud o nivel de vuelo que la aeronave volará durante la fase de vuelo crucero. Este valor puede expresarse de cuatro maneras diferentes:

En niveles de vuelo con la letra F seguida del valor con tres dígitos, por ejemplo, F090 (FL090).

Altitud en centenares de pies con la letra A seguida del valor con tres dígitos, por ejemplo, A035 (3.500 pies).

Altitud en decenas de metros con la letra M seguida del valor con cuatro dígitos, por ejemplo, M0100 (1.000 metros).

En caso de que el vuelo sea bajo reglas de vuelo VFR No Controlado, se deberán ingresar las letras VFR.

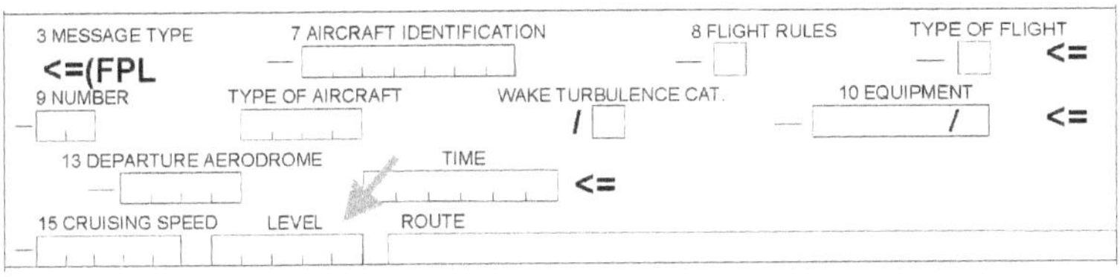

Descripción de la ruta

Finalmente, la última casilla de esta primera sección, la descripción de la ruta a volar. La primera consideración a tener en cuenta es el extenso espacio disponible para describir y detallar la ruta, cinco renglones en blanco donde el piloto deberá cargar toda la ruta.

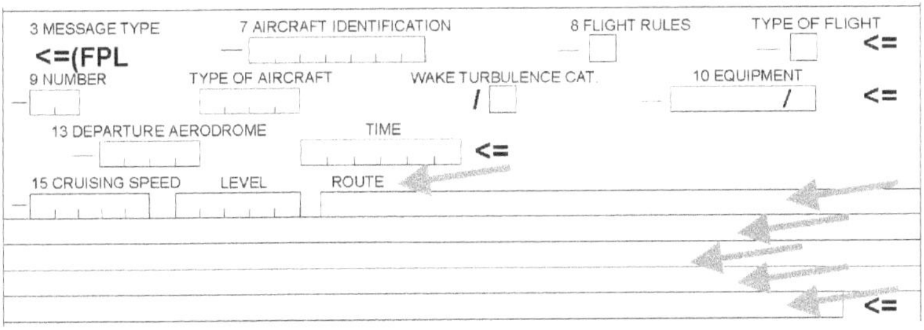

En esta casilla se deberá declarar la ruta a volar, de la forma mas detallada posible. Adicionalmente se deben agregar todos los cambios de velocidad, nivel de crucero, reglas de vuelo y/o ascenso en ruta (si los hubiese) en algún tramo de la ruta. Considerando que el objeto es describir de forma escrita cual será la ruta a volar, se deberá describir según el orden con el cual serán sobrevolados cada uno de los puntos de la ruta (*waypoints*).

Si el aeropuerto de salida está conectado a una aerovía y el vuelo será por aerovía se colocará primero el designador de la ruta a volar, y luego una STAR en caso de que exista.

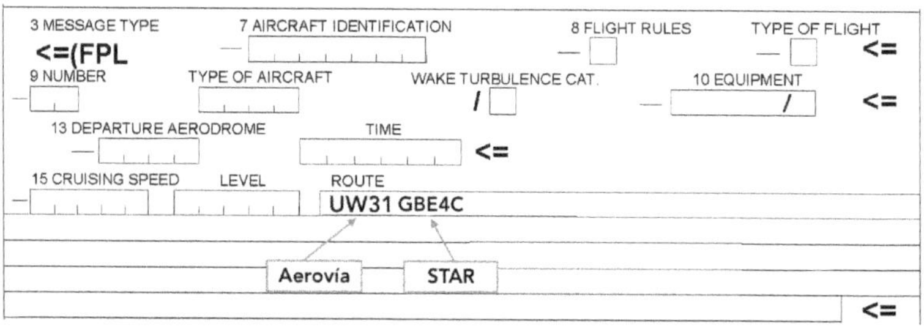

Si el aeropuerto de salida no está conectado a una aerovía y el vuelo será por aerovía se colocará DCT (directo to), luego el primer punto en donde se encontrará a la aerovía y finalmente el designador de la misma.

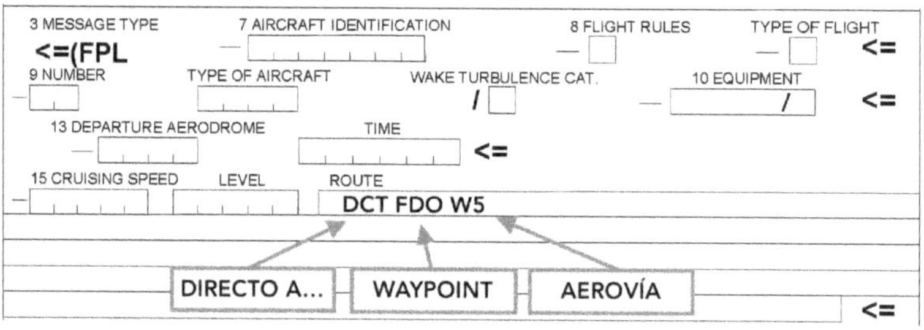

En el caso de que el aeropuerto de salida cuente con una SID (standar instrumental departure), esta deberá declararse en primer lugar y el designador del aeropuerto de salida podrá ser omitido.

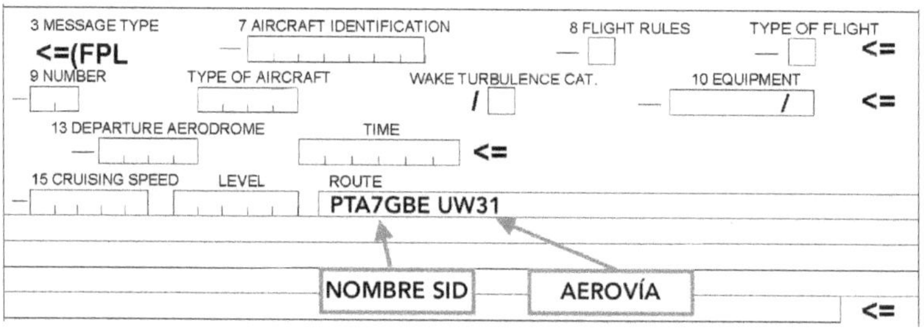

En el caso de que la ruta no prevea sobrevolar ninguna aerovía, se podrán detallar los diferentes puntos de referencia en ruta, como radioayudas (VOR, NDB, etc), aeródromos intermedios, coordenadas geográficas, waypoints propios de una aerovía aunque no se vuele dentro de ella, posiciones fijas respecto de radioayudas (radial y distancia) y cualquier otro punto de referencia que sirva para lograr armar un tramo de vuelo directo entre punto y punto. En todos los casos se deberá aclarar DCT y el punto siguiente.

En el caso de declarar una posición por coordenadas geográficas, se hará de la siguiente manera:

Grados solamente: Se indicará la latitud con dos cifras seguido de una N o S, según corresponda y la longitud con tres cifras seguido de una W o E, según corresponda (36S063W).

Grados y minutos: La latitud con cuatro cifras seguidas de una N o S y la longitud con cinco cifras seguidas de un W o E (4620S07504W).

En el caso de declarar una posición respecto de una radioayuda, se hará de la siguiente manera: El código de la radioayuda, luego la marcación (radial o QDR) con tres cifras y luego la distancia con tres cifras (GRU230075 = En el radial de 230 del VOR de Sao Paulo, Brazil, a 75 millas náuticas). Es importante recordar que entre punto y punto no debe haber una distancia mayor a 200 NM o 30 minutos de vuelo.

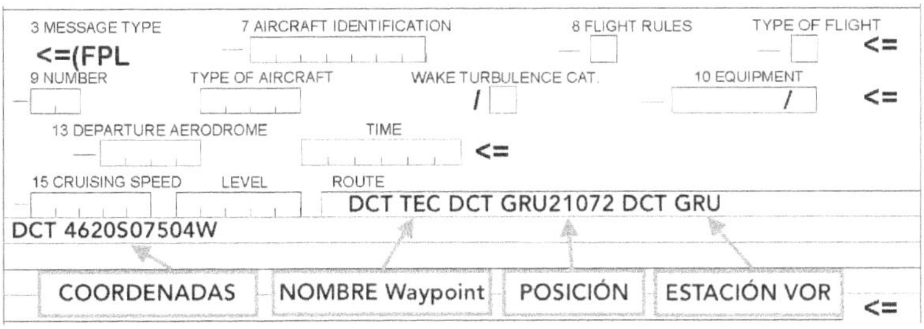

En caso de que en la ruta se prevea un cambio en la velocidad, el nivel de vuelo o en las reglas de vuelo previamente declaradas, se deberá especificar el punto más aproximado donde se estima que sucederá este cambio.

Los cambios de velocidad o niveles de vuelo se deben declarar en un punto determinado de la ruta, indicando el nombre del punto, seguido de una barra y los valores de velocidad y nivel de vuelo, con el mismo formato que se han expresado en las casillas anteriores. En este ejemplo, se declara un cambio en la velocidad o nivel de vuelo en la posición GRU. Es importante mencionar que solo se deben declarar los cambios de velocidad que difieran en un 5% respecto de la velocidad declarada en casillas anteriores.

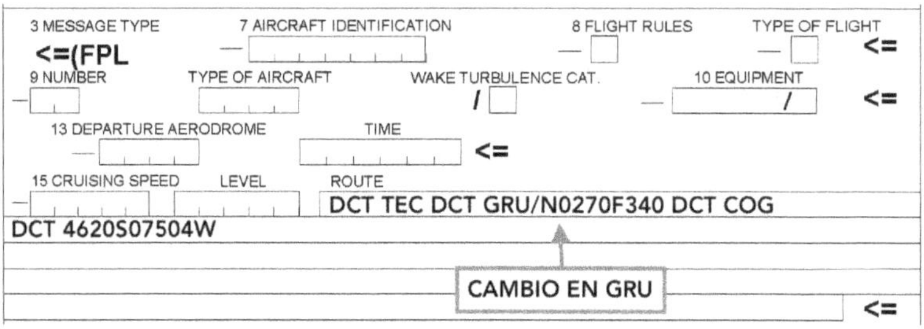

En caso de que se prevea un cambio en las reglas de vuelo, se deberá declarar de la misma forma que en el ejemplo anterior, indicando el lugar del cambio, la velocidad, el nivel de vuelo. Un espacio y las nuevas reglas de vuelo a volar, escribiendo con tres letras: VFR si el vuelo pasa de IFR a VFR, y con las letras IFR en caso de que la situación sea la opuesta donde el vuelo pasa de VFR a IFR.

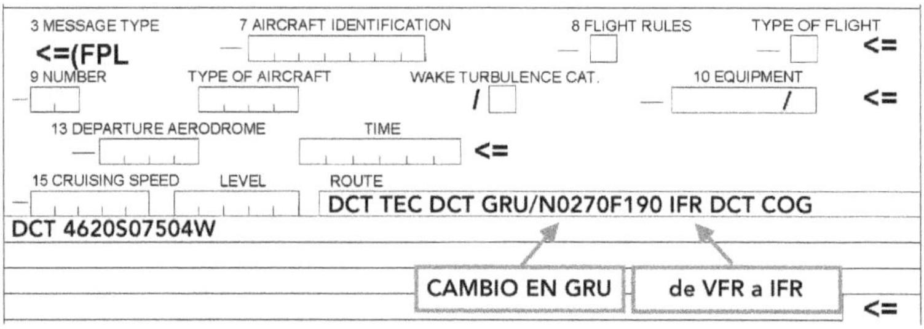

Recuerda que cuando más detalles puedas brindar en la casilla de Ruta, más orientado estará el controlador aéreo acerca de tu trayectoria durante todo el vuelo. Esto le ayudará a poder brindarte un servicio de asistencia al vuelo con mayor precisión.

En caso de que se prevea un crucero escalonado, es decir, con diferentes niveles de vuelo en diferentes tramos de esta fase, estos cambios de ascenso deben estar registrados en la ruta. Se anotará la letra C seguida de una barra oblicua, luego el punto en el cual se iniciará el ascenso, otra barra oblicua, después la velocidad que se mantendrá en el ascenso y por último las altitudes o niveles (inferiores y superiores) del ascenso en el formato tradicional de este valor.

En este ejemplo, el cambio de nivel de vuelo tendrá lugar en GRU a una velocidad de 270 nudos, desde el nivel de vuelo 190 hasta el nivel de vuelo 250.

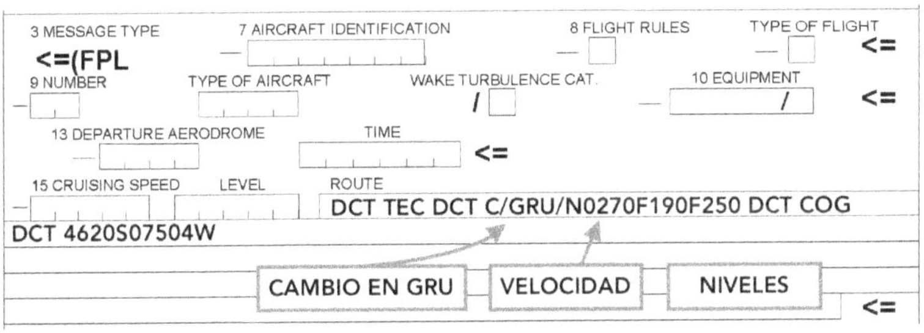
3 MESSAGE TYPE <=(FPL
7 AIRCRAFT IDENTIFICATION
8 FLIGHT RULES
TYPE OF FLIGHT <=
9 NUMBER
TYPE OF AIRCRAFT
WAKE TURBULENCE CAT. /
10 EQUIPMENT / <=
13 DEPARTURE AERODROME
TIME <=
15 CRUISING SPEED
LEVEL
ROUTE
DCT TEC DCT C/GRU/N0270F190F250 DCT COG
DCT 4620S07504W
CAMBIO EN GRU
VELOCIDAD
NIVELES
<=

Recuerda que podrás realizar cualquier otro cambio que no hayas declarado en el plan de vuelo, pero estos estarán sujetos a la aprobación o no de parte del control de tránsito aéreo, quien, dependiendo del resto de los tránsitos en tu zona, podrá autorizar tu cambio, o sugerirte una alternativa a este.

Para esta segunda sección del plan de vuelo, se observan cuatro casillas de ingreso de códigos y una extensa, como la de Ruta que cuenta con cuatro renglones.

Aeródromo de destino

Esta casilla del formulario ofrece un espacio para cuatro caracteres. Al igual que en la casilla del aeródromo de salida, se deberá declarar el código internacional de cuatro letras para el aeródromo de destino.

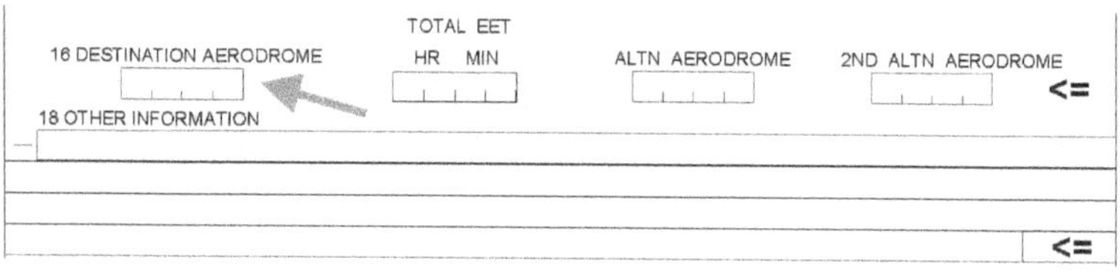

En caso de que el destino no tenga asignado un indicador de lugar, se deberá indicar ZZZZ, y en la casilla 18, el nombre del aeródromo, precedido de DEST/, empleando el designador nacional de tres letras, o si no se dispone el nombre en texto claro.

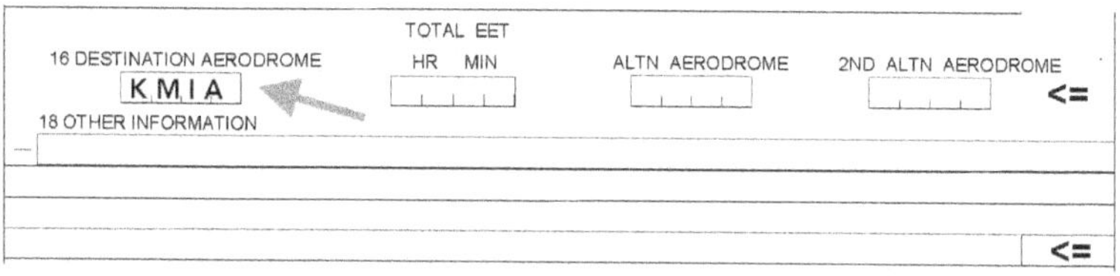

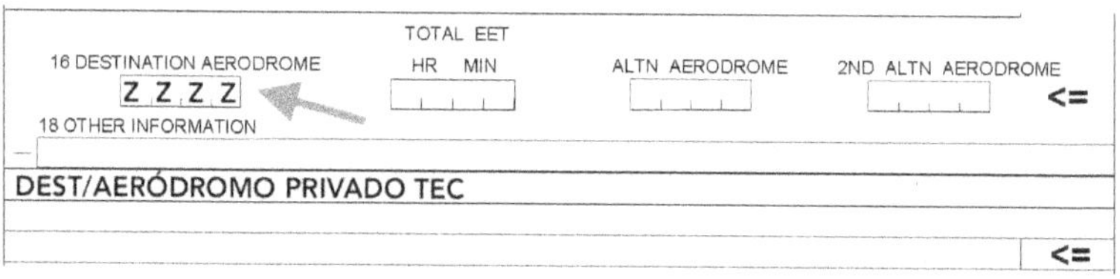

Tiempo estimado en ruta

Esta casilla del formulario ofrece un espacio para cuatro caracteres, horas y minutos. Aquí se deberá declarar el tiempo total de vuelo, desde el despegue hasta el aterrizaje. Es importante mencionar que este lapso de tiempo no contempla la duración del procedimiento de rodaje u otros en superficie. El formato a ingresar es con horas y minutos, HH:MM. En este ejemplo, se prevé que el vuelo tendrá una duración de 3 horas y 20 minutos, desde el despegue hasta el aterrizaje.

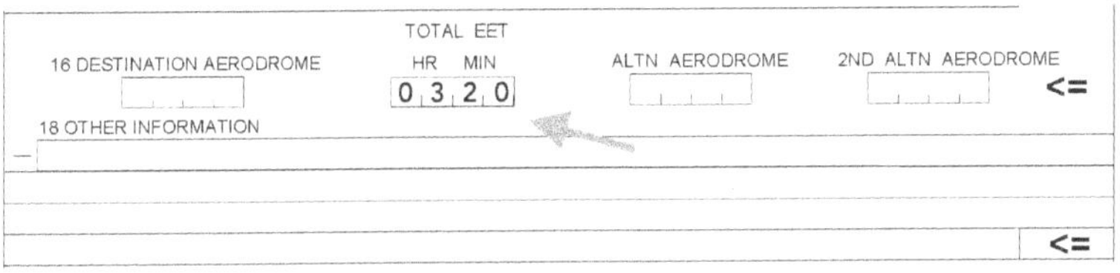

Aeródromos de alternativa

Este ítem del formulario ofrece dos casillas. Esto se debe a que, según las regulaciones internacionales, para un vuelo bajo reglas VFR se requiere un aeródromo de alternativa, y para un vuelo bajo reglas IFR, se requieren dos aeródromos de alternativa.

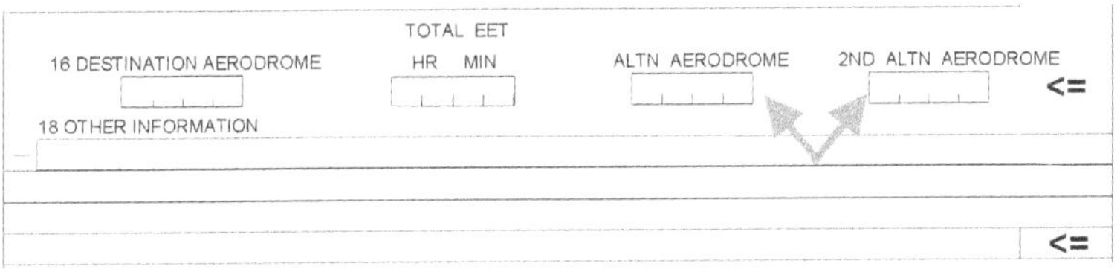

Al igual que en la casilla del aeródromo de salida, se deberá declarar el código internacional de cuatro letras para el aeródromo de destino.

En caso de que el destino no tenga asignado un indicador de lugar, se deberá indicar ZZZZ, y en la casilla 18, el nombre del aeródromo, precedido de ALTN/, empleando el designador nacional de tres letras, o si no se dispone el nombre en texto claro.

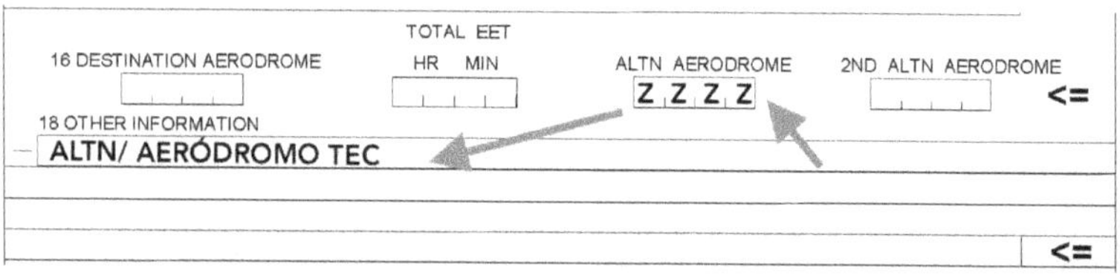

Casilla 18. Otra información

La casilla 18 del formulario es de suma importancia para declarar cualquier salvedad de la información anterior, o bien para detallar cualquier información adicional que sirva para clarificar conceptos y/o procedimientos adicionales. Al igual que en la casilla Ruta, aquí se ofrece un amplio espacio para que el piloto pueda expresar por escrito lo que necesite. Para completar este espacio existen una serie de códigos, algunos ya conocidos, con los que se prevén describir situación de aclaración. En caso de que no exista un código para la situación que se necesite aclarar, se podrá escribir en texto claro.

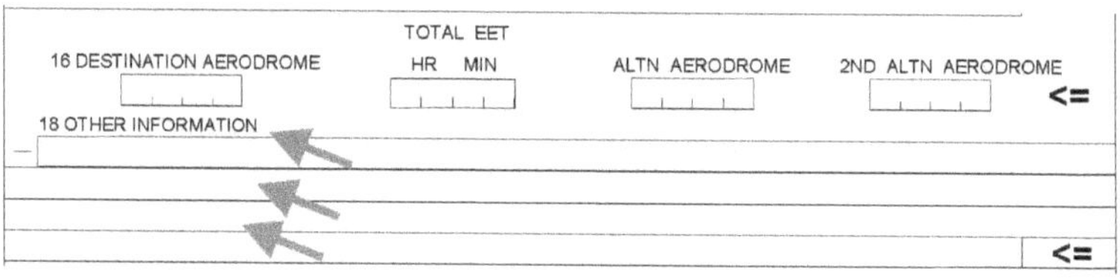

A continuación se detallan los códigos y sus significados:

EET/ - Designadores de puntos significativos o límites de la FIR y duración total prevista hasta esos puntos o designadores de límites de la

FIR cuando esté prescrito en acuerdos regionales de navegación aérea o por la autoridad ATS competente.

Ejemplos: EET/SAEF0130 EET/TOSOR 0220

RIF/ - Los detalles relativos a la ruta que lleva al nuevo aeródromo de destino, seguidos del indicador de lugar OACI, de cuatro letras, correspondiente a dicho aeródromo. La ruta revisada debe ser objeto de renovación en vuelo de la autorización.

Ejemplos: RIF/SACO RIF/UW24 SACO RIF/LEMD

REG/ - Marcas de matrícula de la aeronave, si son distintas de la identificación de la aeronave consignada en la Casilla 7.

SEL/ - Clave SELCAL, si está prescrito por la autoridad ATS competente.

OPR/ - Nombre del explotador, si no se desprende claramente de la identificación de la aeronave consignada en la Casilla 7.

STS/ - Razón del tratamiento especial por parte del ATS., aeronave sanitaria, un motor parado, STS/HOSP, STS/ONE ENG INOP, STS/VIP.

TYP/ - Tipo de aeronave, precedido, en caso necesario, del número de aeronaves, cuando ZZZZ esté insertado en la Casilla 9.

PER/ - Datos de performance de la aeronave, (PER/025014).

COM/ - Datos importantes relativos al equipo de comunicaciones según lo requiera la autoridad ATS competente, ejemplo COM/UHF solamente.

DAT/ - Datos importantes relacionados con la capacidad de enlace de datos, utilizando una o varias de las letras S,H,VyM; por ejemplo DAT/S para el enlace de datos HF, DAT/V para el enlace de datos VHF, DAT/M para el enlace de datos SSR en modo S.

NAV/ - Datos importantes relativos al equipo de navegación según lo requiera la autoridad ATS competente. ejemplo NAV/INS.

DEP/ - Nombre del aeródromo de salida, cuando ZZZZ esté insertado en la Casilla 13, o el indicador de lugar OACI de cuatro letras de la ubicación de la dependencia ATS. de la cual pueden obtenerse datos del plan de vuelo suplementario, cuando AFIL esté insertado en la Casilla 13.

DEST/ - Nombre del aeródromo de destino, si se inserta ZZZZ en la Casilla 16.

ALTN/ - Nombre del aeródromo de alternativa. si se inserta ZZZZ en la Casilla 16.

DOF/ - Día de vuelo, insértese fecha del vuelo cuando no coincida con la fecha de presentación del formulario del plan de vuelo.

RALT/ - Nombre de aeródromo(s) de alternativa en ruta.

CODE/ - Dirección de aeronave (expresada como código alfanumérico de seis caracteres hexadecimales) cuando lo requiera la autoridad ATS competente. Ejemplo: "F00001" es la dirección de aeronave más baja contenida en el bloque específico administrado por la OACI.

RMK/ - Cualesquier otras observaciones en lenguaje claro, cuando así lo requiera la autoridad ATS competente o cuando se estime necesario.

En siguiente ejemplo representa a un vuelo sanitario de traslado de órganos humanos. Se requiere el nombre del operador de la aeronave (nombre del explotador o empresa) y la aclaración de que se trata de un vuelo sanitario, con el objeto de recibir prioridad de paso durante la ruta.

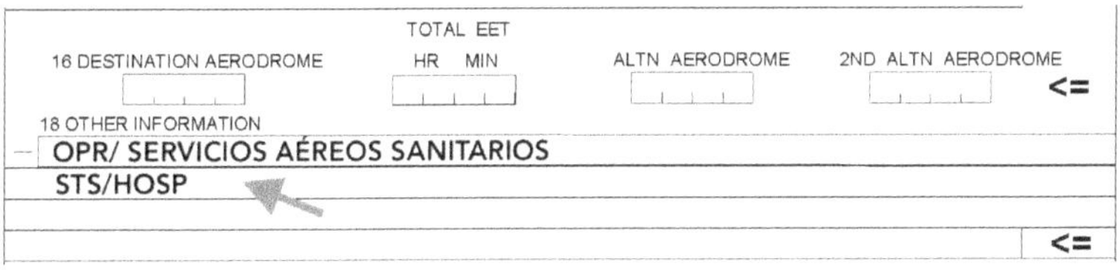

16 DESTINATION AERODROME TOTAL EET HR MIN ALTN AERODROME 2ND ALTN AERODROME <=

18 OTHER INFORMATION

– OPR/ SERVICIOS AÉREOS SANITARIOS

STS/HOSP

<=

En este segundo ejemplo, el vuelo está previsto para el día siguiente de la presentación del plan y se prevé cancelar el plan de vuelo en un determinado punto para seguir sin control radar.

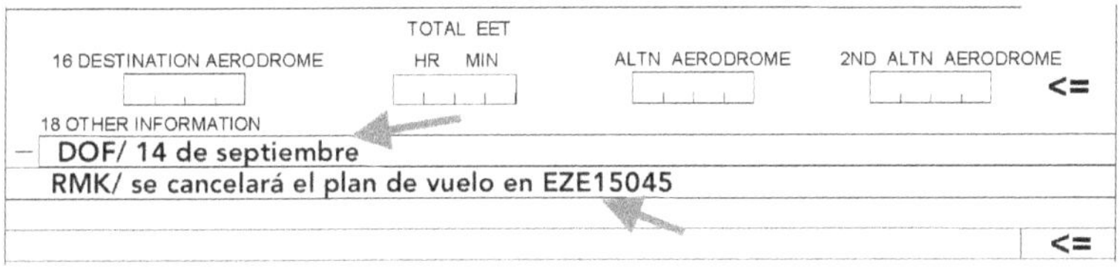

16 DESTINATION AERODROME TOTAL EET HR MIN ALTN AERODROME 2ND ALTN AERODROME <=

18 OTHER INFORMATION

– DOF/ 14 de septiembre

RMK/ se cancelará el plan de vuelo en EZE15045

<=

Información suplementaria

Finalmente, la última sección del plan de vuelo. La información suplementaria y la firma del responsable.

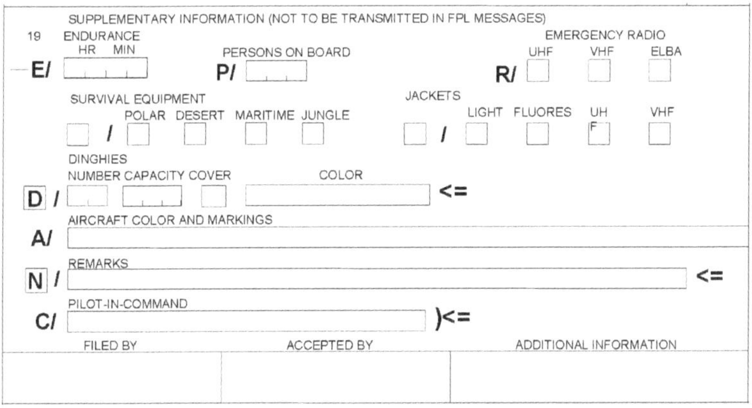

SUPPLEMENTARY INFORMATION (NOT TO BE TRANSMITTED IN FPL MESSAGES)

19 ENDURANCE HR MIN PERSONS ON BOARD EMERGENCY RADIO UHF VHF ELBA

– E/ P/ R/

SURVIVAL EQUIPMENT POLAR DESERT MARITIME JUNGLE JACKETS LIGHT FLUORES UHF VHF

/ /

DINGHIES NUMBER CAPACITY COVER COLOR

D / <=

AIRCRAFT COLOR AND MARKINGS

A/

REMARKS

N / <=

PILOT-IN-COMMAND

C/)<=

FILED BY ACCEPTED BY ADDITIONAL INFORMATION

Autonomía

En esta casilla se debe declarar la autonomía total de vuelo con el combustible a bordo de la aeronave. Este tiempo incluye el tiempo con el combustible de reserva y se expresa en horas y minutos. La autonomía total es la suma de todos los cálculos de combustible, incluyendo el rodaje, la reserva, esperas y otras consideraciones que pudieran existir.

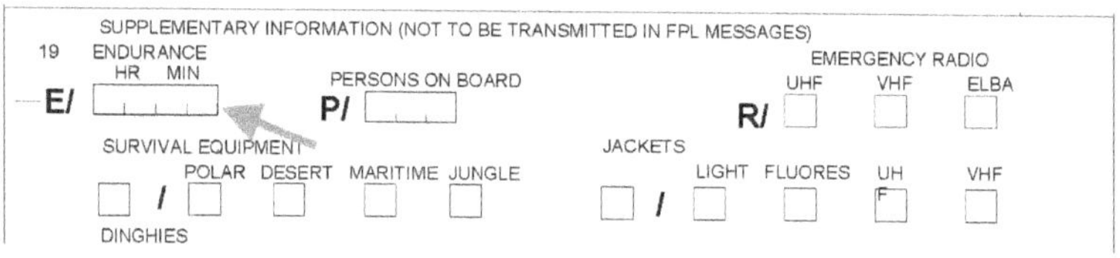
SUPPLEMENTARY INFORMATION (NOT TO BE TRANSMITTED IN FPL MESSAGES)
19 ENDURANCE
HR MIN
—E/
PERSONS ON BOARD
P/
EMERGENCY RADIO
UHF VHF ELBA
R/
SURVIVAL EQUIPMENT
POLAR DESERT MARITIME JUNGLE
JACKETS
LIGHT FLUORES UHF VHF
DINGHIES

Personas a bordo

En esta casilla se debe declarar la cantidad de personas a bordo de la aeronave, o las que se prevean al momento de iniciar el vuelo. Incluye a pilotos, pasajeros y tripulantes en general.

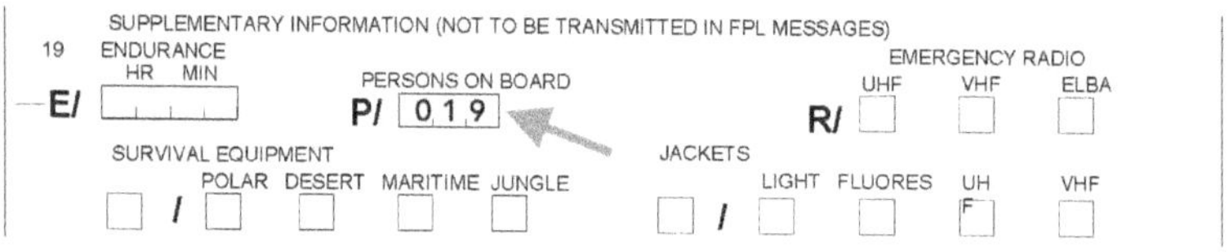
SUPPLEMENTARY INFORMATION (NOT TO BE TRANSMITTED IN FPL MESSAGES)
19 ENDURANCE
HR MIN
—E/
PERSONS ON BOARD
P/ 019
EMERGENCY RADIO
UHF VHF ELBA
R/
SURVIVAL EQUIPMENT
POLAR DESERT MARITIME JUNGLE
JACKETS
LIGHT FLUORES UHF VHF

En caso de no tener la certeza aún de la cantidad de personas que abordarán el avión, es posible completar esta casilla con las letras TBN (to be notified), indicando que este valor será confirmado luego.

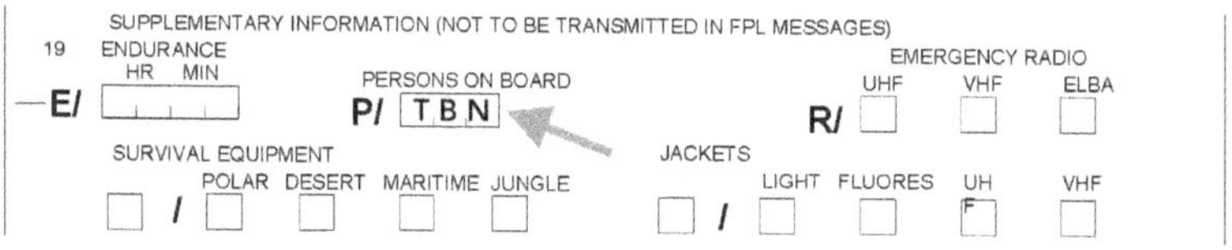
SUPPLEMENTARY INFORMATION (NOT TO BE TRANSMITTED IN FPL MESSAGES)
19 ENDURANCE
HR MIN
—E/
PERSONS ON BOARD
P/ TBN
EMERGENCY RADIO
UHF VHF ELBA
R/
SURVIVAL EQUIPMENT
POLAR DESERT MARITIME JUNGLE
JACKETS
LIGHT FLUORES UHF VHF

Radios de emergencia

En esta casilla en particular se describen tres sistemas de radio y el piloto deberá tachar las opciones que no estén disponibles en su aeronave. Por ejemplo, si la aeronave cuenta únicamente con un sistema VFH, deberá tachar las otras dos opciones.

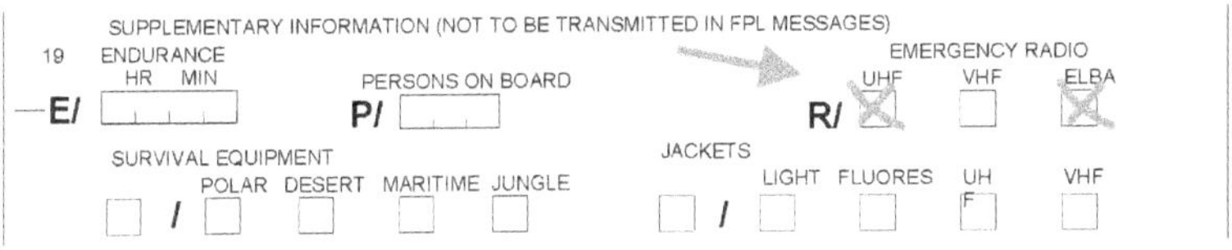
SUPPLEMENTARY INFORMATION (NOT TO BE TRANSMITTED IN FPL MESSAGES)
19 ENDURANCE
HR MIN
—E/
PERSONS ON BOARD
P/
EMERGENCY RADIO
UHF VHF ELBA
R/
SURVIVAL EQUIPMENT
POLAR DESERT MARITIME JUNGLE
/
JACKETS
LIGHT FLUORES UHF VHF
/

Equipos de supervivencia

En esta serie de casillas se deberá tachar la opción que no esté disponible en la aeronave. En este ejemplo, la aeronave no cuenta con ningún equipo de supervivencia, pero sí cuenta con un chaleco salvavidas, aunque este no está equipado con un sistema de radio.

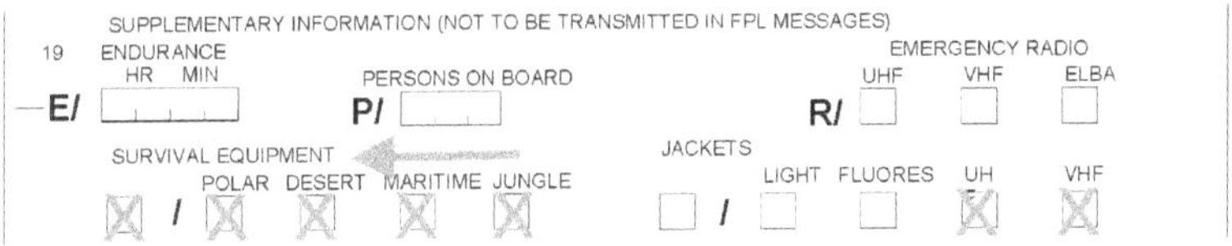
SUPPLEMENTARY INFORMATION (NOT TO BE TRANSMITTED IN FPL MESSAGES)
19 ENDURANCE
HR MIN
—E/
PERSONS ON BOARD
P/
EMERGENCY RADIO
UHF VHF ELBA
R/
SURVIVAL EQUIPMENT
POLAR DESERT MARITIME JUNGLE
/
JACKETS
LIGHT FLUORES UH VHF
/

Balsas salvavidas

En esta casilla se describen las características de una balsa salvavidas, en caso de que la aeronave cuenta con una. En el caso contrario es posible tachar la primera casilla (la letra D), o tachar todas las casillas, como en el ejemplo anterior.

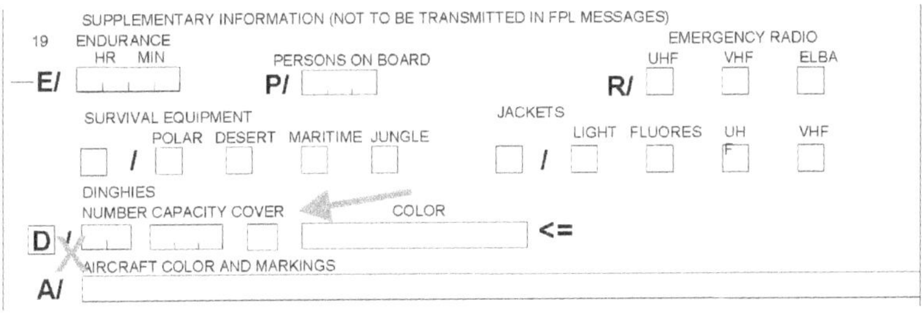
SUPPLEMENTARY INFORMATION (NOT TO BE TRANSMITTED IN FPL MESSAGES)
19 ENDURANCE
HR MIN
—E/
PERSONS ON BOARD
P/
EMERGENCY RADIO
UHF VHF ELBA
R/
SURVIVAL EQUIPMENT
POLAR DESERT MARITIME JUNGLE
/
JACKETS
LIGHT FLUORES UHF VHF
/
DINGHIES
NUMBER CAPACITY COVER COLOR
D/ <=
AIRCRAFT COLOR AND MARKINGS
A/

En algunos casos, las aeronaves llevan un sistema de balsas salvavidas pero estas no cuentan con un cobertor o carpa, en este caso se deberá tachar la opción de Cover.

Color y marcas de la aeronave

Esta casilla es de suma importancia, ya que representa las características visuales de la aeronave, lo que podría facilitar su búsqueda en caso de un siniestro. Para ello, simplemente se debe describir el color y las marcas de la aeronave en texto claro.

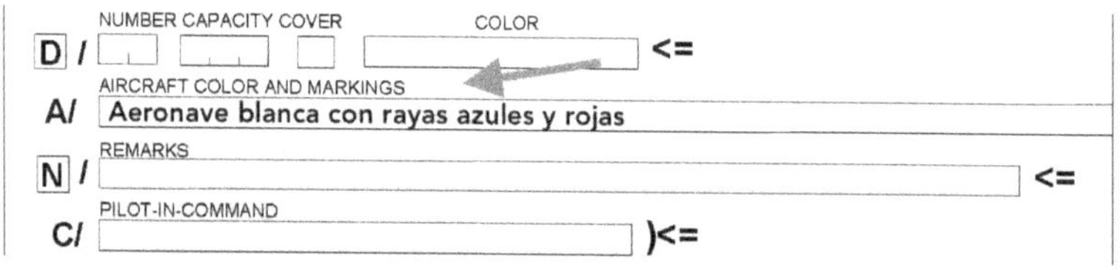

Observaciones y piloto al mando

Finalmente, las últimas dos casillas dejan un espacio para indicar cualquier tipo de observación respecto de los equipos de supervivencia, en caso de que haya alguna; caso contrario solo de deberá tachar la casilla con la letra N. Justo debajo, un espacio para anotar el nombre del piloto al mando de la aeronave.

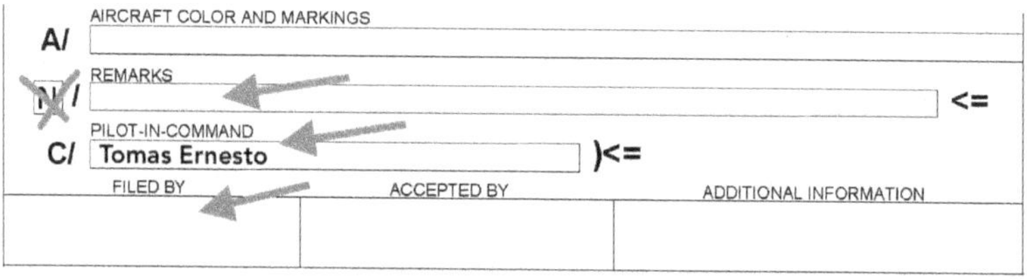

Sobre el margen inferior, tres casillas mas. La de la izquierda da lugar a la firma de la persona o entidad que ha presentado el plan de vuelo. En el centro, la firma de quien ha aceptado el formulario. Y a la izquierda, un espacio para información adicional.

U S Department of Transportation
Federal Aviation Administration

International Flight Plan

PRIORITY <=FF

ADDRESSEE(S) <=

FILING TIME

ORIGINATOR <=

SPECIFIC IDENTIFICATION OF ADDRESSEE(S) AND / OR ORIGINATOR

3 MESSAGE TYPE <=(FPL

7 AIRCRAFT IDENTIFICATION —

8 FLIGHT RULES —

TYPE OF FLIGHT — <=

9 NUMBER —

TYPE OF AIRCRAFT

WAKE TURBULENCE CAT. /

10 EQUIPMENT — / <=

13 DEPARTURE AERODROME —

TIME <=

15 CRUISING SPEED —

LEVEL

ROUTE

<=

16 DESTINATION AERODROME

TOTAL EET HR MIN

ALTN AERODROME

2ND ALTN AERODROME <=

18 OTHER INFORMATION —

<=

SUPPLEMENTARY INFORMATION (NOT TO BE TRANSMITTED IN FPL MESSAGES)

19 ENDURANCE HR MIN —E/

PERSONS ON BOARD P/

EMERGENCY RADIO R/ UHF VHF ELBA

SURVIVAL EQUIPMENT / POLAR DESERT MARITIME JUNGLE

JACKETS / LIGHT FLUORES UHF VHF

DINGHIES

D / NUMBER CAPACITY COVER COLOR <=

A/ AIRCRAFT COLOR AND MARKINGS

N / REMARKS <=

C/ PILOT-IN-COMMAND)<=

FILED BY	ACCEPTED BY	ADDITIONAL INFORMATION

U S Department of Transportation
Federal Aviation Administration

International Flight Plan

PRIORITY ADDRESSEE(S)

<=FF

<=

FILING TIME ORIGINATOR <=

SPECIFIC IDENTIFICATION OF ADDRESSEE(S) AND / OR ORIGINATOR

3 MESSAGE TYPE 7 AIRCRAFT IDENTIFICATION 8 FLIGHT RULES TYPE OF FLIGHT

<=(FPL — — — <=

9 NUMBER TYPE OF AIRCRAFT WAKE TURBULENCE CAT. 10 EQUIPMENT

— / — / <=

13 DEPARTURE AERODROME TIME

— <=

15 CRUISING SPEED LEVEL ROUTE

—

<=

TOTAL EET

16 DESTINATION AERODROME HR MIN ALTN AERODROME 2ND ALTN AERODROME

<=

18 OTHER INFORMATION

—

<=

SUPPLEMENTARY INFORMATION (NOT TO BE TRANSMITTED IN FPL MESSAGES)

19 ENDURANCE EMERGENCY RADIO

HR MIN PERSONS ON BOARD UHF VHF ELBA

—E/ P/ R/

SURVIVAL EQUIPMENT JACKETS

POLAR DESERT MARITIME JUNGLE LIGHT FLUORES UHF VHF

/ /

DINGHIES

NUMBER CAPACITY COVER COLOR

D / <=

AIRCRAFT COLOR AND MARKINGS

A/

REMARKS

N / <=

PILOT-IN-COMMAND

C/)<=

FILED BY ACCEPTED BY ADDITIONAL INFORMATION

Capítulo 3

Plan de vuelo en acción

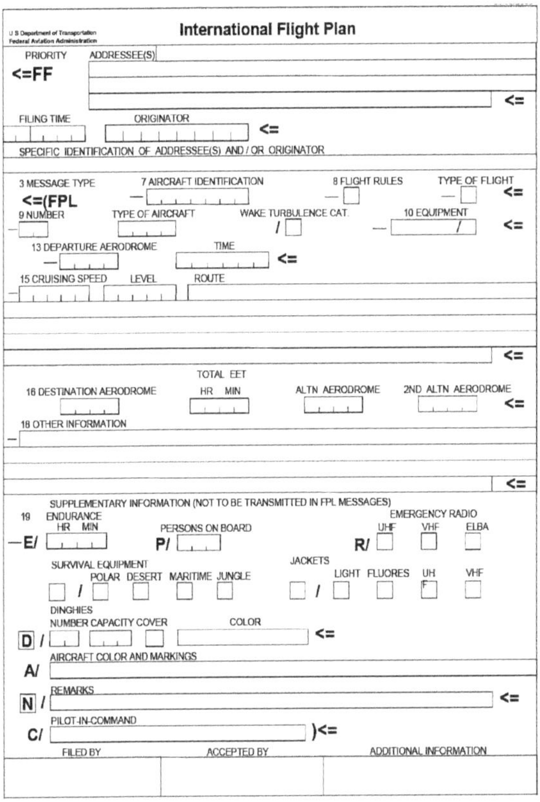

U S Department of Transportation
Federal Aviation Administration

International Flight Plan

PRIORITY ADDRESSEE(S)
<=FF
<=
FILING TIME ORIGINATOR
<=
SPECIFIC IDENTIFICATION OF ADDRESSEE(S) AND / OR ORIGINATOR
3 MESSAGE TYPE 7 AIRCRAFT IDENTIFICATION 8 FLIGHT RULES TYPE OF FLIGHT
<=(FPL — — — <=
9 NUMBER TYPE OF AIRCRAFT WAKE TURBULENCE CAT. 10 EQUIPMENT
— / — / <=
13 DEPARTURE AERODROME TIME
— <=
15 CRUISING SPEED LEVEL ROUTE
—
<=
16 DESTINATION AERODROME TOTAL EET HR MIN ALTN AERODROME 2ND ALTN AERODROME
<=
18 OTHER INFORMATION
—
<=
SUPPLEMENTARY INFORMATION (NOT TO BE TRANSMITTED IN FPL MESSAGES)
19 ENDURANCE HR MIN PERSONS ON BOARD EMERGENCY RADIO UHF VHF ELBA
—E/ P/ R/
SURVIVAL EQUIPMENT POLAR DESERT MARITIME JUNGLE JACKETS LIGHT FLUORES UH VHF
/ /
DINGHIES
NUMBER CAPACITY COVER COLOR
D / <=
AIRCRAFT COLOR AND MARKINGS
A/
REMARKS
N / <=
PILOT-IN-COMMAND
C/)<=
FILED BY ACCEPTED BY ADDITIONAL INFORMATION

Aviation Bookstore
aviation step by step

. Contenidos exclusivamente basados en los documentos de OACI y sus anexos, referentes a la reglamentación aeronáutica internacional.

Aviation Bookstore
aviation step by step

Introducción

Con el objeto de lograr aprender y recordar todos los conceptos estudiados en páginas anteriores, en este último capítulo completaremos el formulario del plan de vuelo para diferentes situaciones de vuelo, locales, regionales e internacionales.

Es importante mantener la práctica del llenado de este formulario ya que cuenta con una gran cantidad de códigos y formatos a recordar.

Vuelo N° 1. Vuelo local

Para este primer vuelo, planificaremos una trayectoria corta y muy simple. El vuelo tiene lugar dentro de un mismo TMA, desde un pequeño aeropuerto hacia la pista de un aeroclub vecino a unas pocas millas del lugar.

La aeronave es una pequeña aeronave de escuela, modelo Cessna 152, con el instructor y su alumno piloto. Han cargado los tanques de combustible a la mitad de su capacidad máxima y esto les otorga unas 2 horas y 45 minutos de autonomía. El vuelo se efectuará a las 13:30 hora local bajo reglas de vuelo visual, a 1500 pies.

Origen: Aeropuerto SAZM.
Destino: aeródromo privado TEC

A continuación te dejaré un plan de vuelo vacío. Intenta completarlo, y luego, en a página siguiente lo completaremos juntos.

U S Department of Transportation
Federal Aviation Administration

International Flight Plan

PRIORITY ADDRESSEE(S)

<=FF

<=

FILING TIME ORIGINATOR

<=

SPECIFIC IDENTIFICATION OF ADDRESSEE(S) AND / OR ORIGINATOR

3 MESSAGE TYPE 7 AIRCRAFT IDENTIFICATION 8 FLIGHT RULES TYPE OF FLIGHT

<=(FPL — — — <=

9 NUMBER TYPE OF AIRCRAFT WAKE TURBULENCE CAT. 10 EQUIPMENT

— / — / <=

13 DEPARTURE AERODROME TIME

— <=

15 CRUISING SPEED LEVEL ROUTE

—

<=

TOTAL EET

16 DESTINATION AERODROME HR MIN ALTN AERODROME 2ND ALTN AERODROME

<=

18 OTHER INFORMATION

—

<=

SUPPLEMENTARY INFORMATION (NOT TO BE TRANSMITTED IN FPL MESSAGES)

19 ENDURANCE HR MIN PERSONS ON BOARD EMERGENCY RADIO UHF VHF ELBA

—E/ P/ R/

SURVIVAL EQUIPMENT POLAR DESERT MARITIME JUNGLE JACKETS LIGHT FLUORES UHF VHF

/ /

DINGHIES

NUMBER CAPACITY COVER COLOR

D / <=

AIRCRAFT COLOR AND MARKINGS

A/

REMARKS

N / <=

PILOT-IN-COMMAND

C/)<=

FILED BY	ACCEPTED BY	ADDITIONAL INFORMATION

U S Department of Transportation
Federal Aviation Administration

International Flight Plan

PRIORITY <=FF

ADDRESSEE(S) <=

FILING TIME

ORIGINATOR <=

SPECIFIC IDENTIFICATION OF ADDRESSEE(S) AND / OR ORIGINATOR

3 MESSAGE TYPE <=(FPL

7 AIRCRAFT IDENTIFICATION — LV-TEC

8 FLIGHT RULES — V

TYPE OF FLIGHT — G <=

9 NUMBER —

TYPE OF AIRCRAFT C152

WAKE TURBULENCE CAT. / L

10 EQUIPMENT — S / C <=

13 DEPARTURE AERODROME — SAZM

TIME 1630 <=

15 CRUISING SPEED — N0100

LEVEL A015

ROUTE DCT ZZZZ

<=

16 DESTINATION AERODROME ZZZZ

TOTAL EET HR MIN 0020

ALTN AERODROME SAZM

2ND ALTN AERODROME <=

18 OTHER INFORMATION

— DEST/ AERÓDROMO TEC

OPR/ ACADEMIA DE VUELO FC

<=

SUPPLEMENTARY INFORMATION (NOT TO BE TRANSMITTED IN FPL MESSAGES)

19 ENDURANCE HR MIN

—E/ 0245

PERSONS ON BOARD P/ 002

EMERGENCY RADIO R/ UHF X VHF ELBA X

SURVIVAL EQUIPMENT X / POLAR X DESERT X MARITIME X JUNGLE X

JACKETS X / LIGHT X FLUORES X UH X VHF X

DINGHIES X

NUMBER CAPACITY COVER COLOR <=

AIRCRAFT COLOR AND MARKINGS

A/ AERONAVE BLANCA CON RAYAS NEGRAS Y AZULES

REMARKS

X / <=

PILOT-IN-COMMAND

C/ JUAN PEREZ)<=

FILED BY | ACCEPTED BY | ADDITIONAL INFORMATION

Analicemos juntos este ejemplo. En la primera sección aparece el primer campo a completar, la matricula de la aeronave (dato inventado a modo de ejemplo). Recuerda que no es necesario completar todos los espacios de una casilla. En caso de que sobren espacios, estos podrán quedar en blanco, pero nunca tachados o marcados.

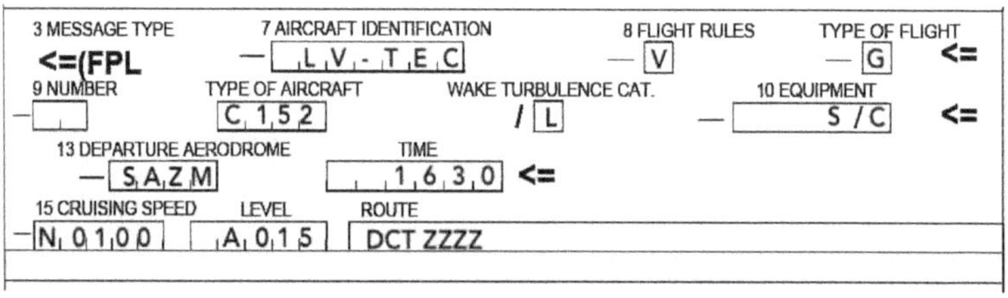

3 MESSAGE TYPE — 7 AIRCRAFT IDENTIFICATION — 8 FLIGHT RULES — TYPE OF FLIGHT
<=(FPL — LV-TEC — V — G <=
9 NUMBER — TYPE OF AIRCRAFT — WAKE TURBULENCE CAT. — 10 EQUIPMENT
— C152 / L — S / C <=
13 DEPARTURE AERODROME — TIME
— SAZM 1630 <=
15 CRUISING SPEED — LEVEL — ROUTE
— N0100 A015 DCT ZZZZ

La siguiente casilla lleva a completar las reglas de vuelo con el primer código a recordar. Según la información del vuelo, este se llevará a cabo bajo reglas de vuelo visual (VFR). En este caso, el código para un vuelo bajo reglas VFR es la letra V.

El siguiente campo requiere declarar el tipo de vuelo, que para este caso será un vuelo de aviación general, con el código G.

Debajo a la izquierda, recuerda el orden de llenado de derecha a izquierda y de arriba hacia abajo, se encuentra la casilla de tipo de aeronave. La información de vuelo indica que se trata de una aeronave Cessna modelo 152, el código para este tipo de aeronaves es C152, y considerando su peso máximo de despegue por debajo de 7.000 kilos, se le otorgará la categoría d estela turbulenta light, a completar con la letra L en la siguiente casilla de la derecha.

En la casilla del lado derecho se declara un equipamiento estándar con la letra S, y un transponder modo C con la letra C posterior a la barra separadora.

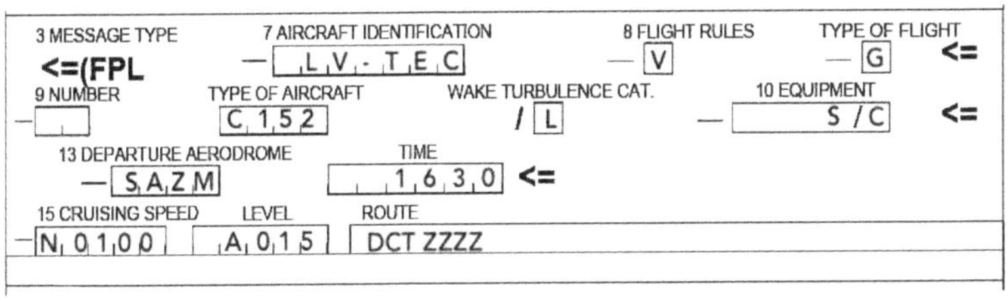
3 MESSAGE TYPE 7 AIRCRAFT IDENTIFICATION 8 FLIGHT RULES TYPE OF FLIGHT
<=(FPL — LV-TEC — V — G <=
9 NUMBER TYPE OF AIRCRAFT WAKE TURBULENCE CAT. 10 EQUIPMENT
— C152 / L — S / C <=
13 DEPARTURE AERODROME TIME
— SAZM 1630 <=
15 CRUISING SPEED LEVEL ROUTE
— N0100 A015 DCT ZZZZ

Debajo a la izquierda, llega la casilla del aeródromo de salida. En este caso es el aeropuerto de la Ciudad de Mar del Plata, Argentina. Su designador internacional OACI es SAZM, y este se coloca en los espacios vacíos de esta casilla.

A la derecha, la casilla de la hora prevista para la puesta en marcha. Según la información del vuelo, está previsto poner en marcha a las 13:30 hora local, pero recuerda que en esta casilla se debe ingresar la hora UTC. En el caso de Argentina, país del aeródromo de salida, la hora UTC es igual a la hora local + 3 hs. En este caso se deberá declarar la hora de 16:30.

En la sección inferior de esta primera parte, las últimas tres casillas. Sobre el lado izquierdo, la casilla que declara la velocidad. En este caso, el piloto ha declarado una velocidad en crucero de 100 nudos. A la derecha, la casilla de la altitud o nivel de vuelo. En este caso, el vuelo tiene prevista una altitud en crucero de 1.500 pies. Para esta información, el código es la letra A (de altitud) y el valor expresado en centenares de pies, 15 centenares es el equivalente a 1500 pies.

Ya en la última casilla de la derecha, la sección de la ruta. Para este vuelo, el tramo es bastante corto y sin puntos intermedios. El vuelo se desarrollará directo desde el origen hasta el aeródromo de destino, el cual, al no tener un designador OACI se establece como ZZZZ, y posteriormente se deberá aclarar su nombre.

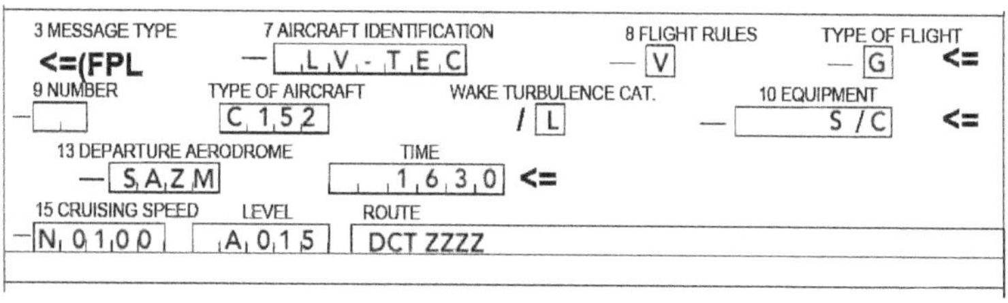

3 MESSAGE TYPE <=(FPL — 7 AIRCRAFT IDENTIFICATION LV-TEC — 8 FLIGHT RULES V — TYPE OF FLIGHT G <=

9 NUMBER — TYPE OF AIRCRAFT C152 — WAKE TURBULENCE CAT. / L — 10 EQUIPMENT S/C <=

13 DEPARTURE AERODROME — SAZM — TIME 1630 <=

15 CRUISING SPEED — N0100 — LEVEL A015 — ROUTE DCT ZZZZ

Ya en la segunda sección del plan de vuelo, la primera casilla requiere declarar el designador OACI del destino. En este caso, el aeródromo no cuenta con uno, por tal, se declara el código ZZZZ, y posteriormente se nombrará el lugar.

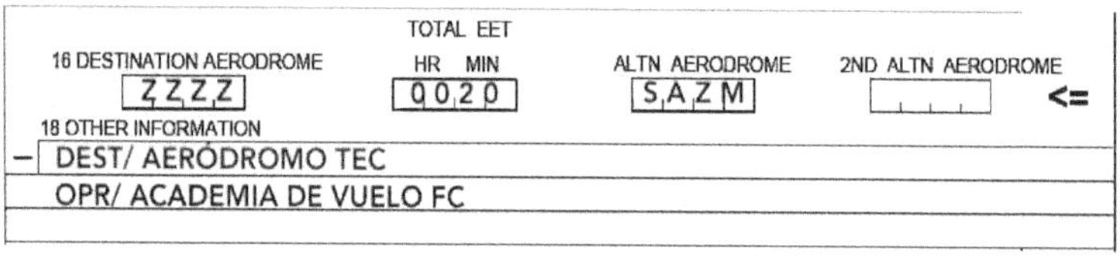

16 DESTINATION AERODROME ZZZZ — TOTAL EET HR MIN 0020 — ALTN AERODROME SAZM — 2ND ALTN AERODROME <=

18 OTHER INFORMATION

— DEST/ AERÓDROMO TEC

OPR/ ACADEMIA DE VUELO FC

El tiempo de vuelo total, desde el despegue hasta el aterrizaje, es de 20 minutos. En la sección EET se declara la cantidad de horas y minutos, en este caso 00 horas y 20 minutos. A la derecha, las casillas para ingresar los aeródromos de alternativa. Como se trata de un vuelo VFR solo se requiere de un aeródromo de alternativa. En este caso se ha declarado al mismo aeródromo de origen como alternativa. Finalmente, en la casilla de "otra información" es necesario aclarar el aeródromo de destino y el operador de la aeronave. Recuerda que el operador de la aeronave no es quien la vuela, sino el responsable legal y propietario de la aeronave.

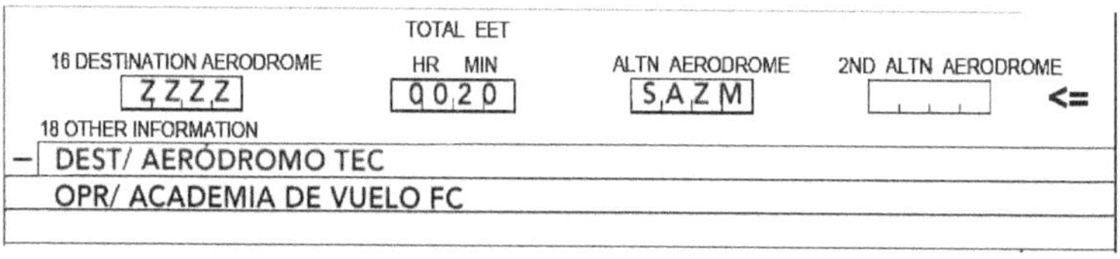

16 DESTINATION AERODROME ZZZZ — TOTAL EET HR MIN 0020 — ALTN AERODROME SAZM — 2ND ALTN AERODROME <=

18 OTHER INFORMATION

— DEST/ AERÓDROMO TEC

OPR/ ACADEMIA DE VUELO FC

En este caso, se declara el aeródromo de destino con el código DEST/ y el nombre del lugar (aeródromo TEC); y se declara el operador con el código OPR/ y el nombre de la academia de vuelo.

Llegando a la sección de información suplementaria, comienza con la casilla de la autonomía del avión. Este valor se expresa en horas y minutos de vuelo. Según la información del vuelo, la aeronave cuenta con 2 horas y 45 minutos de autonomía, y tendrá 2 ocupantes totales dentro de la aeronave, valor que se expresa en la casilla de personas a bordo.

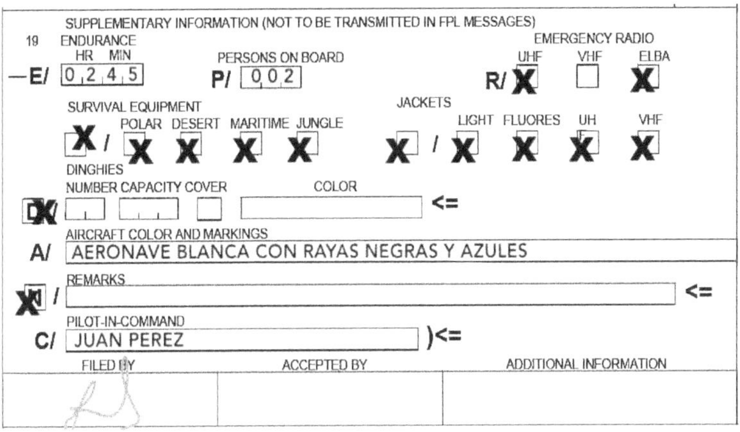
SUPPLEMENTARY INFORMATION (NOT TO BE TRANSMITTED IN FPL MESSAGES)
19 ENDURANCE
HR MIN
—E/ 0245
PERSONS ON BOARD
P/ 002
EMERGENCY RADIO
UHF VHF ELBA
R/ X ☐ X
SURVIVAL EQUIPMENT
POLAR DESERT MARITIME JUNGLE
X / X X X X
JACKETS
LIGHT FLUORES UH VHF
X / X X X X
DINGHIES
NUMBER CAPACITY COVER COLOR
X <=
AIRCRAFT COLOR AND MARKINGS
A/ AERONAVE BLANCA CON RAYAS NEGRAS Y AZULES
REMARKS
X / <=
PILOT-IN-COMMAND
C/ JUAN PEREZ)<=
FILED BY ACCEPTED BY ADDITIONAL INFORMATION

En cuanto al equipamiento de emergencia, radios y supervivencia, la aeronave solo cuenta con un equipo VHF de radio. Considerando esta información, el piloto deberá tachar todo el resto de las casillas relativas a equipos de emergencia y supervivencia, salvo la casilla de radio VHF.

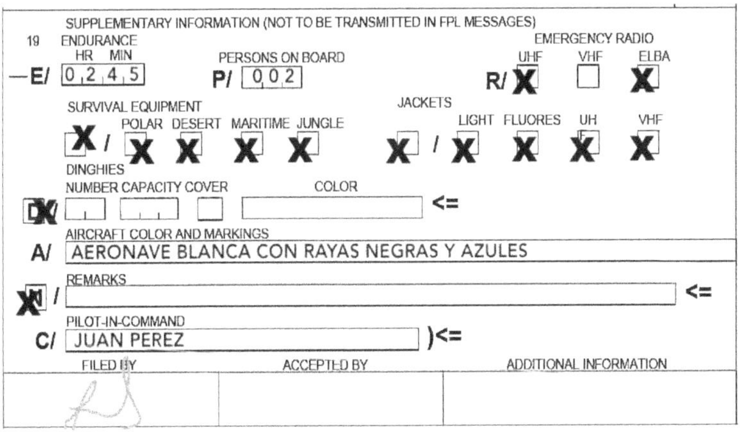
SUPPLEMENTARY INFORMATION (NOT TO BE TRANSMITTED IN FPL MESSAGES)
19 ENDURANCE
HR MIN
—E/ 0245
PERSONS ON BOARD
P/ 002
EMERGENCY RADIO
UHF VHF ELBA
R/ X ☐ X
SURVIVAL EQUIPMENT
POLAR DESERT MARITIME JUNGLE
X / X X X X
JACKETS
LIGHT FLUORES UH VHF
X / X X X X
DINGHIES
NUMBER CAPACITY COVER COLOR
X <=
AIRCRAFT COLOR AND MARKINGS
A/ AERONAVE BLANCA CON RAYAS NEGRAS Y AZULES
REMARKS
X / <=
PILOT-IN-COMMAND
C/ JUAN PEREZ)<=
FILED BY ACCEPTED BY ADDITIONAL INFORMATION

Los tres últimos renglones declaran el color y marca de la aeronave, en este caso una aeronave blanca con rayas negra y azules. No se declaran observaciones relativas a la información de los equipos de emergencia y supervivencia. Se declara el nombre del piloto al mando de la aeronave y debajo su firma, ya que en este caso en particular, el mismo ha sido quien presentó el plan de vuelo ante la autoridad aeronáutica del aeropuerto.

Vuelo N° 2. Vuelo de cabotaje

Para este segundo vuelo, planificaremos una trayectoria corta entre dos ciudades cercanas. El vuelo tiene lugar dentro en el cordón montañoso de la Cordillera de Los Andes, en el sudoeste de Argentina, desde la ciudad de San Carlos de Bariloche hasta la ciudad de San Martin de Los Andes. El vuelo parte desde SAZS, utilizando la salida SID GEMOB 4A y la aerovía W32 hasta el destino SAZY.

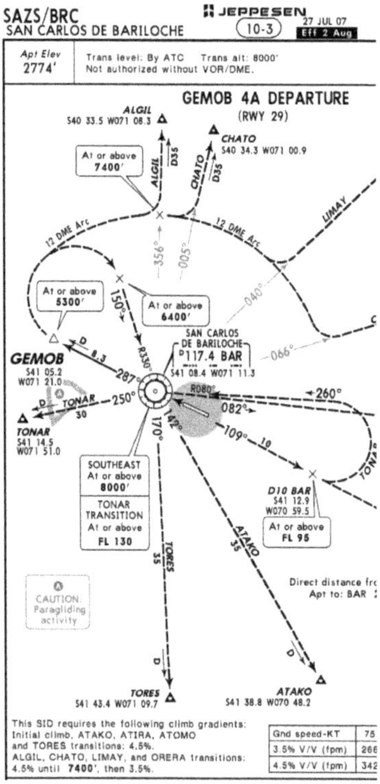

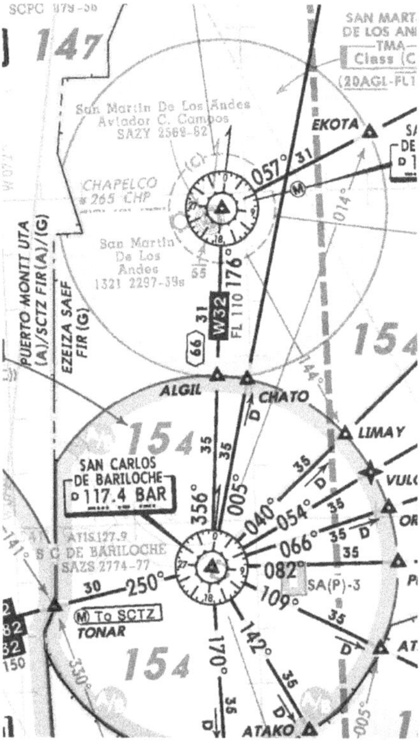

El nivel de vuelo previsto es FL120. La aeronave es un Cessna 206, matricula OM-ESC, con una velocidad de 135 nudos, y un tiempo de vuelo estimado de 55 minutos.

Se trata de un vuelo sanitario que transporta células. Sale con los tanques a casi llenos y una autonomía de 4 horas. Es un vuelo visual y la alternativa de destino será la ciudad de Bariloche (SAZS).

El vuelo transporta a dos pilotos y un médico. Cuenta con un equipo de radiobaliza de emergencia ELT y un equipo de radio VHF. La aeronave está equipada con un instrumental estándar, pero no cuenta con un sistema ILS de aproximación.

El operador de la aeronave se denomina TEC Airmedics. El piloto al mando es el capitán Jose Arce y quien ha presentado el plan de vuelo es el despachador de la empresa, el Sr. Jaime Older.

Actualmente son las 09:15 am, y el vuelo partirá en un par de horas. Debe llegar al destino al mediodía, donde el contenedor de las células será trasladado de inmediato al hospital local.

Finalmente, la aeronave es de color blanco, con franjas de color rojo y el logo de la empresa en la empresa pintado de azul en en las puertas.

A continuación encontrarás un plan de vuelo vacío. Intenta llenarlo con toda esta información y en las páginas siguientes lo haremos juntos.

U S Department of Transportation
Federal Aviation Administration

International Flight Plan

PRIORITY ADDRESSEE(S)

<=FF <=

FILING TIME ORIGINATOR <=

SPECIFIC IDENTIFICATION OF ADDRESSEE(S) AND / OR ORIGINATOR

3 MESSAGE TYPE 7 AIRCRAFT IDENTIFICATION 8 FLIGHT RULES TYPE OF FLIGHT

<=(FPL — — — <=

9 NUMBER TYPE OF AIRCRAFT WAKE TURBULENCE CAT. 10 EQUIPMENT

— / — / <=

13 DEPARTURE AERODROME TIME

— <=

15 CRUISING SPEED LEVEL ROUTE

—

<=

TOTAL EET

16 DESTINATION AERODROME HR MIN ALTN AERODROME 2ND ALTN AERODROME <=

18 OTHER INFORMATION

—

<=

SUPPLEMENTARY INFORMATION (NOT TO BE TRANSMITTED IN FPL MESSAGES)

19 ENDURANCE EMERGENCY RADIO

HR MIN PERSONS ON BOARD UHF VHF ELBA

—E/ P/ R/

SURVIVAL EQUIPMENT JACKETS

POLAR DESERT MARITIME JUNGLE LIGHT FLUORES UHF VHF

/ /

DINGHIES

NUMBER CAPACITY COVER COLOR

D / <=

AIRCRAFT COLOR AND MARKINGS

A/

REMARKS

N / <=

PILOT-IN-COMMAND

C/)<=

FILED BY ACCEPTED BY ADDITIONAL INFORMATION

U S Department of Transportation
Federal Aviation Administration

International Flight Plan

PRIORITY <=FF

ADDRESSEE(S) <=

FILING TIME

ORIGINATOR <=

SPECIFIC IDENTIFICATION OF ADDRESSEE(S) AND / OR ORIGINATOR

3 MESSAGE TYPE <=(FPL

7 AIRCRAFT IDENTIFICATION — OM-ESC

8 FLIGHT RULES — V

TYPE OF FLIGHT — G <=

9 NUMBER —

TYPE OF AIRCRAFT C206

WAKE TURBULENCE CAT. / L

10 EQUIPMENT — DFGOV/C <=

13 DEPARTURE AERODROME — SAZS

TIME 1415 <=

15 CRUISING SPEED — N0135

LEVEL F120

ROUTE GEMOB4A ALGIL W32 CHP

<=

16 DESTINATION AERODROME SAZY

TOTAL EET HR MIN 0055

ALTN AERODROME SAZS

2ND ALTN AERODROME <=

18 OTHER INFORMATION

— OPR/ TEC Airmedics

STS/ HOSP

<=

SUPPLEMENTARY INFORMATION (NOT TO BE TRANSMITTED IN FPL MESSAGES)

19 ENDURANCE HR MIN —E/ 0400

PERSONS ON BOARD P/ 003

EMERGENCY RADIO R/ UHF X VHF ELBA

SURVIVAL EQUIPMENT X / POLAR X DESERT X MARITIME X JUNGLE X

JACKETS X / LIGHT X FLUORES X UHF X VHF X

DINGHIES

NUMBER CAPACITY COVER COLOR

D X / <=

AIRCRAFT COLOR AND MARKINGS

A/ AERONAVE BLANCA CON FRANJAS ROJAS Y LOGO AZUL

REMARKS

N X / <=

PILOT-IN-COMMAND

C/ JOSE ARCE)<=

FILED BY	ACCEPTED BY	ADDITIONAL INFORMATION
Jaime Older		

La primera sección comienza con la matricula de la aeronave, seguido de las reglas de vuelo visual con la letra V, y el tipo de vuelo general declarado con la letra G. En la segunda fila, el piloto ha declarado el tipo de aeronave con el código C206, la categoría de estela turbulenta light con la letra L y el equipamiento de la aeronave. En este punto es importante recordar que la aeronave no cuenta con un equipo ILS de aproximación, por lo cual, el código S para mencionar un equipamiento estándar no sería correcto. En su lugar, se deben declarar todos los equipos instalados y el tipo de transponder.

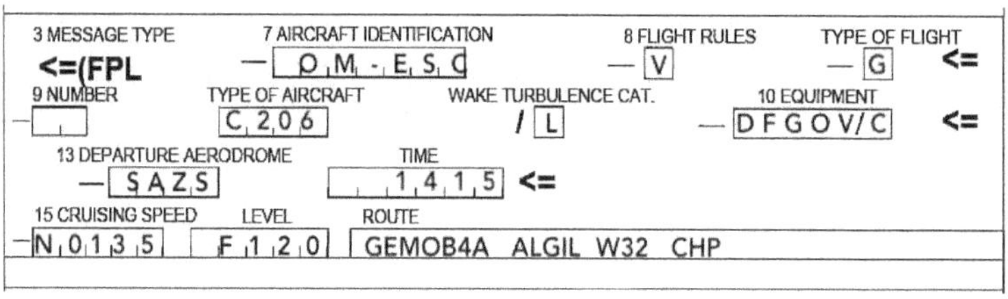
3 MESSAGE TYPE — 7 AIRCRAFT IDENTIFICATION — 8 FLIGHT RULES — TYPE OF FLIGHT
<=(FPL — OM-ESC — V — G <=
9 NUMBER — TYPE OF AIRCRAFT — WAKE TURBULENCE CAT. — 10 EQUIPMENT
— C206 / L — DFGOV/C <=
13 DEPARTURE AERODROME — TIME
— SAZS 1415 <=
15 CRUISING SPEED — LEVEL — ROUTE
— N0135 F120 GEMOB4A ALGIL W32 CHP

El aeropuerto de origen posee el designador OACI SAZS y se declara en la casilla 13, junto a la hora de puesta en marcha. En este caso el vuelo estaba previsto para un par de horas luego de las 09:15 am hora local, es decir para las 11:15 hora local. Este valor en hora UTC es de 14:15 en argentina, donde la hora UTC es la hora local mas 3 horas.

Finalmente, la casilla de la velocidad en crucero, y se declara 135 nudos. El nivel de vuelo elegido es FL120 y la descripción de la ruta que inicia con el nombre de la salida estandarizada GEMOB4A, luego el próximo punto a sobrevolar, el nombre de la aerovía y finalmente el último punto, previo a la aproximación, en este caso el mismo VOR CHP del destino.

En la segunda sección se declara el destino con el designador OACI del aeropuerto (SAZY), el tiempo de vuelo desde el despegue hasta el aterrizaje, y el aeródromo de alternativa al destino. En este caso, será el mismo aeródromo de salida, por ser el mas apto y el mas cercano.

TOTAL EET

16 DESTINATION AERODROME — SAZY | HR MIN — 0055 | ALTN AERODROME — SAZS | 2ND ALTN AERODROME — <=

18 OTHER INFORMATION

– OPR/ TEC Airmedics

STS/ HOSP

En la casilla 18, se agrega la información adicional del nombre del operador de la aeronave, la empresa TEC Airmedics, y la aclaración de que se trata de un vuelo sanitario, con el código STS/ HOSP.

Finalmente, la sección de información suplementaria. La primera casilla declara la autonomía de 4 horas de vuelo y las persona a bordo de la aeronave, en este caso solo 3. La aeronave cuenta con una radiobaliza de emergencia ELT, así que se dejan sin tachar las casillas de VHF y ELBA, tachando las restantes.

SUPPLEMENTARY INFORMATION (NOT TO BE TRANSMITTED IN FPL MESSAGES)

19 ENDURANCE HR MIN — E/ 0400 | PERSONS ON BOARD P/ 003 | EMERGENCY RADIO R/ UHF X VHF ELBA

SURVIVAL EQUIPMENT X / POLAR X DESERT X MARITIME X JUNGLE X | JACKETS X / LIGHT X FLUORES X UHF X VHF X

DINGHIES NUMBER CAPACITY COVER COLOR D X <=

AIRCRAFT COLOR AND MARKINGS

A/ AERONAVE BLANCA CON FRANJAS ROJAS Y LOGO AZUL

REMARKS

N X / <=

PILOT-IN-COMMAND

C/ JOSE ARCE)<=

FILED BY	ACCEPTED BY	ADDITIONAL INFORMATION
Jaime Older		

En la sección final, se declara el color y marcas de la aeronave, el nombre del piloto al mando y el nombre de la persona que ha presentado el plan de vuelo, en este caso no será el piloto como en el caso del vuelo anterior.

Vuelo N° 3. Vuelo de cabotaje diferido

Para este tercer vuelo, planificaremos un vuelo de transporte aéreo no regular y programado para una fecha posterior a la presentación del plan. El vuelo debe transportar a un grupo de pasajeros desde el aeropuerto de Antofagasta, Chile, hasta el aeropuerto de Calama, Chile.

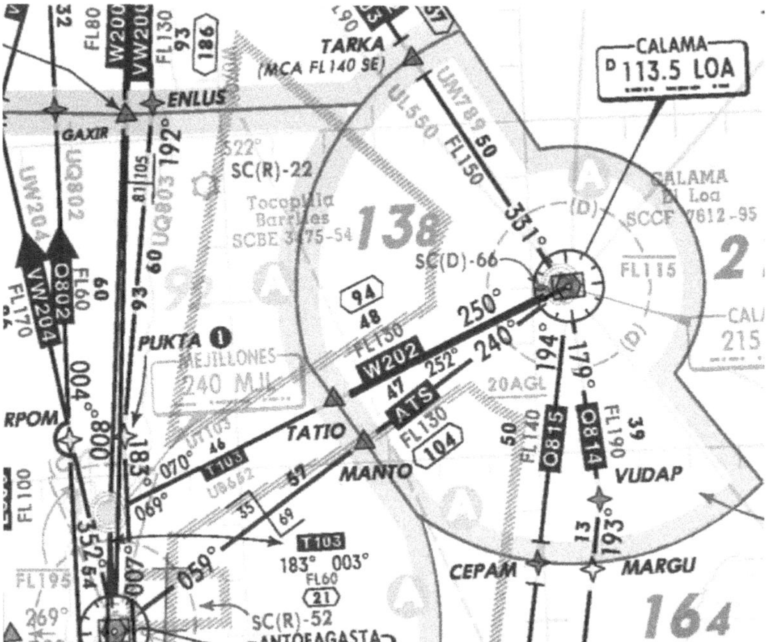

Información de vuelo

El vuelo parte desde SCFA, utilizando la salida SID FAGAS 3 y las aerovías T103 y W202 hasta el destino SCCA, donde se ingresará al sector con la entrada instrumental STAR LIVER 7.

El vuelo está previsto para el día 05 de octubre pero será presentado un par de dias antes de la fecha. La aeronave es un Cessna Grand Caravan (modelo de Cessna C208), matrícula CC-TEC5. Ofrece una velocidad de 178 nudos en crucero y un peso máximo de despegue de 3.900 kilos.

Posee un equipamiento full IFR, pero cuenta con el transponder modo A, ya que el modo C está fuera de servicio. El vuelo debe llegar a Calama a las 15:00 hs hora local y se prevé un tiempo de vuelo de 45 minutos (hora UTC en chile es hora local + 4hs).

La alternativa del destino será una pista privada cerca de Calama, dentro de una estancia local, y se ha optado por declarar como segunda alternativa a Antofagasta. El operador es el mismo propietario y piloto del avión, quien posee la compañía de traslados aéreos no regulares.

La aeronave tiene sus tanques de combustible llenos y una autonomía de 5.5 horas. Abordo irán dos pilotos, y tercer piloto en instrucción y 7 pasajeros.

La aeronave cuenta con una radiobaliza ELT, el fuselaje es de color blanco y tiene franjas de color negra a lo largo de la estructura. El capitán es el Sr Tomás Ernesto, y le ha solicitado al despachador del vuelo de la compañía, el Sr Enrique Santos, que presente el plan con anterioridad.

Aquí te dejaré un plan de vuelo vacío. Al igual que en los vuelos anteriores, intenta completarlo y luego lo haremos juntos.

Apt Elev 455'	Trans level: By ATC Trans alt: 4500' Route FAG VOR - LOA VOR can't be considered for FPL planning. Only available by ATC clearance, after civil-military coordination.

FAGAS 3 [FAGAS3]
(RWY 19)

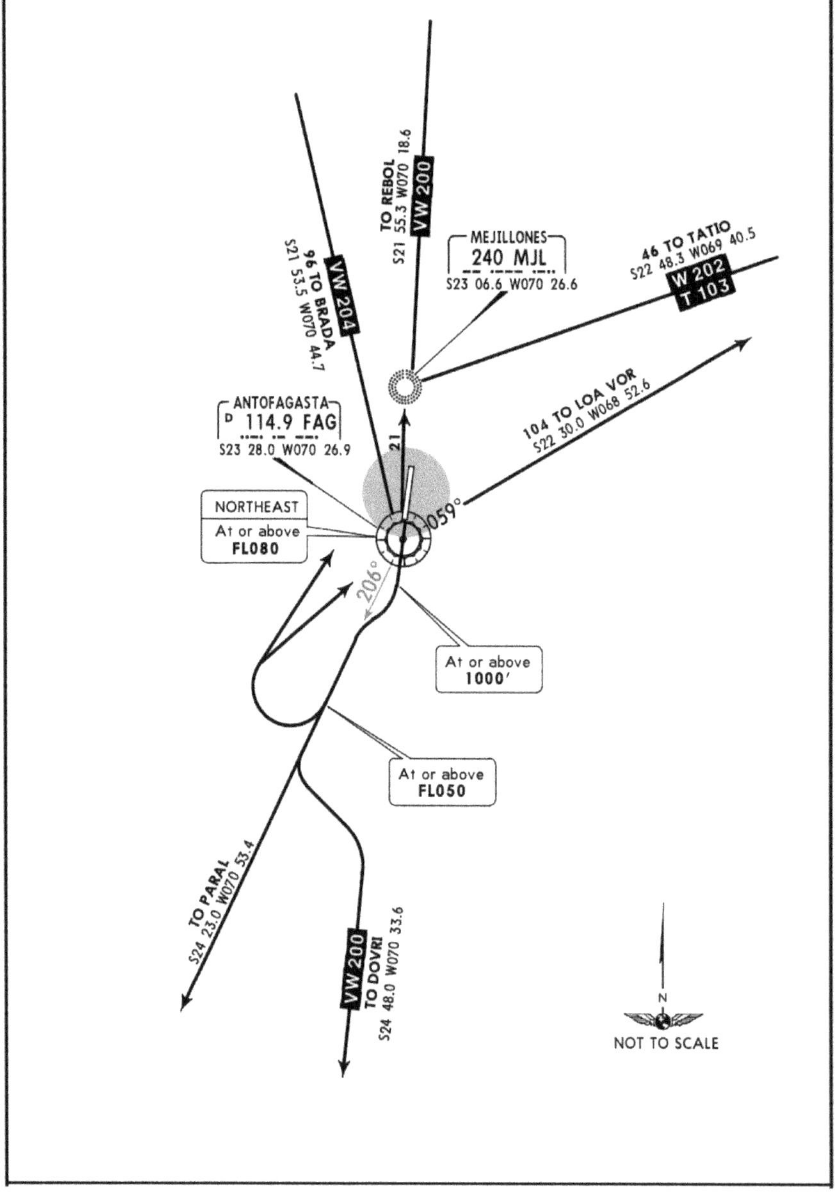

SCCF/CJC
EL LOA

JEPPESEN

26 FEB 16 (10-2A) Eff 3 Mar

CALAMA, CHILE
STAR

Apt Elev 7631'	Alt Set: hPa Trans level: By ATC Trans alt: 11500'

LIVER 7
[LIVER7]

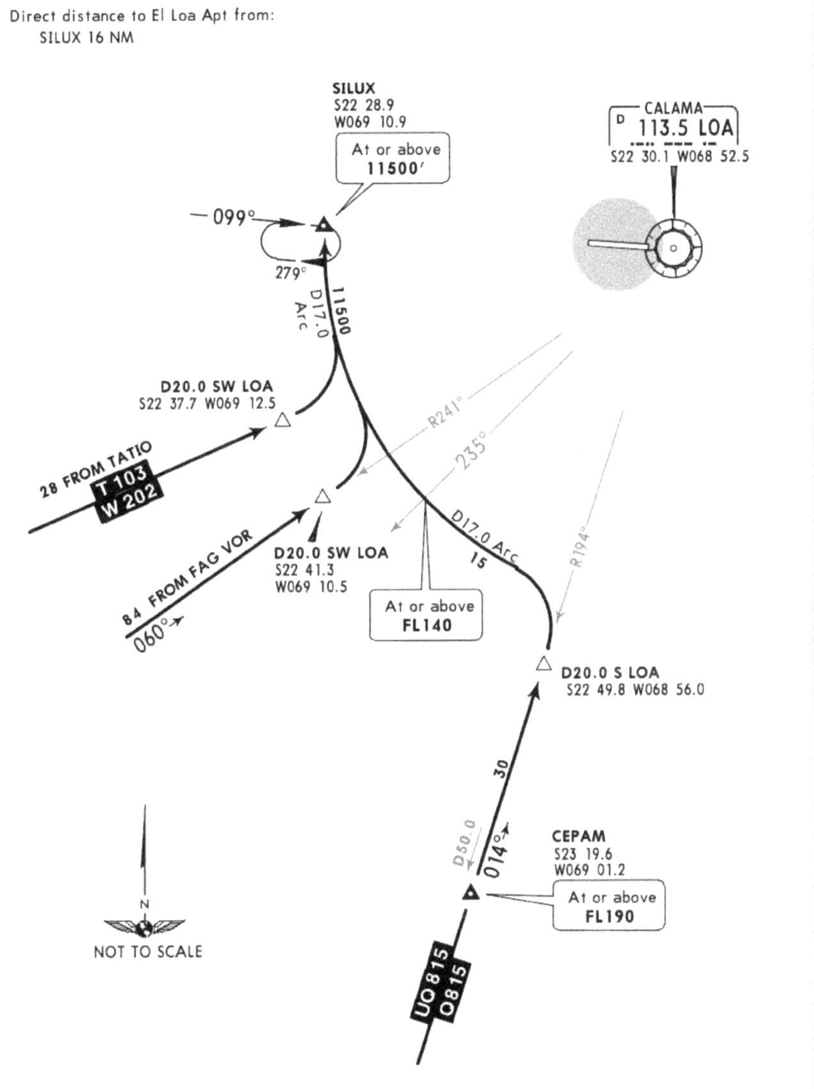

U S Department of Transportation
Federal Aviation Administration

International Flight Plan

PRIORITY ADDRESSEE(S)

<=FF

<=

FILING TIME ORIGINATOR

<=

SPECIFIC IDENTIFICATION OF ADDRESSEE(S) AND / OR ORIGINATOR

3 MESSAGE TYPE 7 AIRCRAFT IDENTIFICATION 8 FLIGHT RULES TYPE OF FLIGHT

<=(FPL — — — <=

9 NUMBER TYPE OF AIRCRAFT WAKE TURBULENCE CAT. 10 EQUIPMENT

— / — / <=

13 DEPARTURE AERODROME TIME

— <=

15 CRUISING SPEED LEVEL ROUTE

—

<=

TOTAL EET

16 DESTINATION AERODROME HR MIN ALTN AERODROME 2ND ALTN AERODROME

<=

18 OTHER INFORMATION

—

<=

SUPPLEMENTARY INFORMATION (NOT TO BE TRANSMITTED IN FPL MESSAGES)

19 ENDURANCE EMERGENCY RADIO

HR MIN PERSONS ON BOARD UHF VHF ELBA

—E/ P/ R/

SURVIVAL EQUIPMENT JACKETS

POLAR DESERT MARITIME JUNGLE LIGHT FLUORES UHF VHF

/ /

DINGHIES

NUMBER CAPACITY COVER COLOR

D / <=

AIRCRAFT COLOR AND MARKINGS

A/

REMARKS

N / <=

PILOT-IN-COMMAND

C/)<=

FILED BY ACCEPTED BY ADDITIONAL INFORMATION

U S Department of Transportation
Federal Aviation Administration

International Flight Plan

PRIORITY: <=FF
ADDRESSEE(S): <=

FILING TIME | ORIGINATOR <=

SPECIFIC IDENTIFICATION OF ADDRESSEE(S) AND / OR ORIGINATOR

3 MESSAGE TYPE: <=(FPL
7 AIRCRAFT IDENTIFICATION: — CC-TEC5
8 FLIGHT RULES: — V
TYPE OF FLIGHT: — N <=

9 NUMBER: —
TYPE OF AIRCRAFT: C208
WAKE TURBULENCE CAT.: / L
10 EQUIPMENT: — S /A <=

13 DEPARTURE AERODROME: — SCFA
TIME: 1800 <=

15 CRUISING SPEED: — N0178
LEVEL: F130
ROUTE: FAGAS 3 T103 TATIO W202 LIVER 7
<=

16 DESTINATION AERODROME: SCCA
TOTAL EET HR MIN: 0045
ALTN AERODROME: ZZZZ
2ND ALTN AERODROME: SCFA <=

18 OTHER INFORMATION
— OPR/ Tomas Ernesto
ALTN/ Pista privada al sudoeste de Calama. Estancia TC.
DOF/ fecha del vuelo 05 de octubre
<=

SUPPLEMENTARY INFORMATION (NOT TO BE TRANSMITTED IN FPL MESSAGES)

19 ENDURANCE HR MIN: —E/ 0530
PERSONS ON BOARD: P/ 010
EMERGENCY RADIO: R/ UHF X VHF ELBA

SURVIVAL EQUIPMENT: X / POLAR X DESERT X MARITIME X JUNGLE X
JACKETS: X / LIGHT X FLUORES X UH X VHF X

DINGHIES: X/ NUMBER CAPACITY COVER COLOR <=

AIRCRAFT COLOR AND MARKINGS
A/ AERONAVE BLANCA CON FRANJAS NEGRAS

REMARKS
X / <=

PILOT-IN-COMMAND
C/ TOMÁS ERNESTO)<=

FILED BY	ACCEPTED BY	ADDITIONAL INFORMATION
ENRIQUE SANTOS		

La primera sección comienza con la matrícula de la aeronave, luego con las reglas de vuelo visual (V) y el tipo de vuelo, que en este caso, se identificará con la letra N, correspondiente a transporte aéreo no regular. Las casillas siguientes indican el tipo de aeronave (C208), la categoría de estela turbulenta light (L) por tener un peso máximo de despegue inferior a 7.000 kg, y el equipamiento estándar co un transponder modo A.

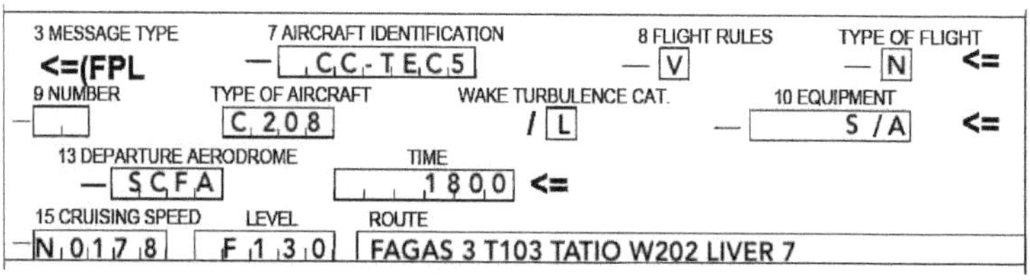
3 MESSAGE TYPE <=(FPL — 7 AIRCRAFT IDENTIFICATION CC-TEC5 — 8 FLIGHT RULES V — TYPE OF FLIGHT N <=

— 9 NUMBER — TYPE OF AIRCRAFT C208 / WAKE TURBULENCE CAT. L — 10 EQUIPMENT S/A <=

— 13 DEPARTURE AERODROME SCFA — TIME 1800 <=

— 15 CRUISING SPEED N0178 — LEVEL F130 — ROUTE FAGAS 3 T103 TATIO W202 LIVER 7

El aeropuerto de origen es Antofagasta, Chile, y su designador internacional OACI es SCFA. Según la información del vuelo, la aeronave debería llegar al aeropuerto destino antes de las 15 horas local, esto 19:00 hs UTC para Chile. Considerando que el vuelo demora 45 minutos desde el despegue hasta el aterrizaje, y contemplando 15 minutos más desde la puesta en marcha, sería correcto declarar la hora de 18:00 UTC en la casilla Time.

La velocidad declarada en crucero es de 178 nudos, y el nivel de vuelo mínimo de la aerovía es de FL130, ambos datos declarados en sus respectivos formatos y casillas. En cuanto al detalle de la ruta, la aeronave utilizará la SID FAGAS 3 hasta la aerovía T103, continuando hasta la posición TATIO y finalizará con la STAR LIVER 7. Toda esta trayectoria declarada en la casilla de ruta. Cabe mencionar que bastará con detallar el nombre de cada carta (SID y STAR) para incluir a todos los puntos que intervienen.

La segunda sección comienza con el designador internacional del aeropuerto de destino, Calama, Chile (SCCA). A la derecha el tiempo de vuelo expresado en minutos, ya que no alcanzará a contemplar una hora completa de vuelo. La primera alternativa destino no posee un designador internacional OACI, por tal motivo, se declara ZZZZ. La segunda alternativa al destino será el aeropuerto de origen, la ciudad de Antofagasta SCFA.

16 DESTINATION AERODROME	TOTAL EET HR MIN	ALTN AERODROME	2ND ALTN AERODROME	
SCCA	0045	ZZZZ	SCFA	<=

18 OTHER INFORMATION

– OPR/ Tomas Ernesto

ALTN/ Pista privada al sudoeste de Calama. Estancia TC.

DOF/ fecha del vuelo 05 de octubre

La casilla 18, otros datos, declara tres códigos. El primero, OPR, el operador de la aeronave. El segundo, ALTN, el nombre de la alternativa primaria, donde se había declarado ZZZZ, y aquí se menciona en texto claro el nombre completo del lugar.

El tercero, DOF, indicando que es un plan de vuelo diferido para días posteriores, pero presentado con anterioridad. En este punto se debe indicar la fecha en la que se realizará el vuelo.

En la sección final, se declara una autonomía de 5 horas y 30 minutos, 10 pasajeros a bordo y equipos VHF y ELT en la aeronave. El fuselaje es de color blanco con franjas negras.

El piloto al mando es el capitán Tomas Ernesto y quien ha presentado el plan de vuelo diferido es el Sr Enrique Santos, personal operativo de la empresa.

Vuelo N° 4. Vuelo internacional

Este es un vuelo sanitario internacional desde el aeropuerto de la ciudad de Puerto Montt, Chile (SCTE) hasta el aeropuerto de la ciudad de San Martin de Los Andes, Argentina (SAZY). La aeronave es un Cessna Citation (C560), matrícula N012983, un peso máximo de despegue de 5.000 kg, con una velocidad crucero estimada en 290 nudos y una autonomía prevista de 4.5 horas. La aeronave tiene el equipo ADF fuera de servicio y el resto funcionando normalmente con transponder modo C, un equipo inercial de navegación y un equipamiento para rutas RNAV. El vuelo parte a las 09 am local.

El vuelo es considerado un transporte aéreo no regular, ya que adicionalmente al transporte sanitario de órganos, trasladará a 6 pasajeros adicionales, junto con los dos pilotos, o quizás 3 pilotos, información a confirmar previo al vuelo. El vuelo se efectuará a nivel de vuelo 210 para un cruce cordillerano sin turbulencia. Para la salida se utilizará la SID CALBU 1A, luego las aerovías T132 y W32 vía SAZS (aeropuerto internacional de Bariloche, Argentina) como punto intermedio y considerado como alternativa en ruta.

El tiempo de vuelo está previsto en 1 hora y 10 minutos. La primera alternativa del destino es el aeropuerto de la ciudad d Neuquén, Argentina (SAZN) y la segunda alternativa es el aeropuerto de origen (SCTE). El operador es TEC Transport. El piloto al mando, el capitán Fernando Muñoz ha presentado el plan de vuelo. La aeronave es completamente blanca. A continuación las dos cartas a utilizar y un plan de vuelo vacío. Inténtalo tu mismo y luego lo haremos juntos.

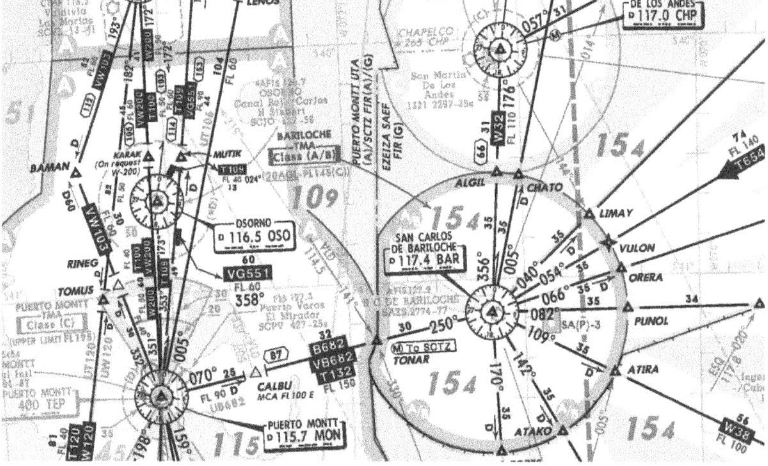

U S Department of Transportation
Federal Aviation Administration

International Flight Plan

PRIORITY ADDRESSEE(S)

<=FF

<=

FILING TIME ORIGINATOR

<=

SPECIFIC IDENTIFICATION OF ADDRESSEE(S) AND / OR ORIGINATOR

3 MESSAGE TYPE 7 AIRCRAFT IDENTIFICATION 8 FLIGHT RULES TYPE OF FLIGHT

<=(FPL — — — <=

9 NUMBER TYPE OF AIRCRAFT WAKE TURBULENCE CAT. 10 EQUIPMENT

— / — / <=

13 DEPARTURE AERODROME TIME

— <=

15 CRUISING SPEED LEVEL ROUTE

—

<=

TOTAL EET

16 DESTINATION AERODROME HR MIN ALTN AERODROME 2ND ALTN AERODROME

<=

18 OTHER INFORMATION

—

<=

SUPPLEMENTARY INFORMATION (NOT TO BE TRANSMITTED IN FPL MESSAGES)

19 ENDURANCE EMERGENCY RADIO

HR MIN PERSONS ON BOARD UHF VHF ELBA

—E/ P/ R/

SURVIVAL EQUIPMENT JACKETS

POLAR DESERT MARITIME JUNGLE LIGHT FLUORES UHF VHF

/ /

DINGHIES

NUMBER CAPACITY COVER COLOR

D / <=

AIRCRAFT COLOR AND MARKINGS

A/

REMARKS

N / <=

PILOT-IN-COMMAND

C/)<=

FILED BY ACCEPTED BY ADDITIONAL INFORMATION

U S Department of Transportation
Federal Aviation Administration

International Flight Plan

PRIORITY: <=FF
ADDRESSEE(S): <=

FILING TIME
ORIGINATOR <=

SPECIFIC IDENTIFICATION OF ADDRESSEE(S) AND / OR ORIGINATOR

3 MESSAGE TYPE	7 AIRCRAFT IDENTIFICATION	8 FLIGHT RULES	TYPE OF FLIGHT	
<=(FPL	— N012983	— I	— N	<=

9 NUMBER	TYPE OF AIRCRAFT	WAKE TURBULENCE CAT.	10 EQUIPMENT	
—	C560	/ L	— DGILORV/C	<=

13 DEPARTURE AERODROME	TIME	
— SCTE	1300	<=

15 CRUISING SPEED	LEVEL	ROUTE
— N290	F210	CALBU 1A T132 TONAR BAR ALGIL W32 CHP

<=

16 DESTINATION AERODROME	TOTAL EET HR MIN	ALTN AERODROME	2ND ALTN AERODROME	
SAZY	0110	SAZN	SCTE	<=

18 OTHER INFORMATION

—
OPR/ TEC transport
RALT/ SAZS
STS/ HOSP <=

SUPPLEMENTARY INFORMATION (NOT TO BE TRANSMITTED IN FPL MESSAGES)

19 ENDURANCE HR MIN: — E/ 0430

PERSONS ON BOARD: P/ TBN

EMERGENCY RADIO: R/ UHF X, VHF, ELBA

SURVIVAL EQUIPMENT: X / POLAR X, DESERT X, MARITIME X, JUNGLE X

JACKETS: X / LIGHT X, FLUORES X, UHF X, VHF X

DINGHIES: X / NUMBER, CAPACITY, COVER, COLOR <=

AIRCRAFT COLOR AND MARKINGS: A/

REMARKS: X / <=

PILOT-IN-COMMAND: C/ Fernando Muñoz)<=

FILED BY	ACCEPTED BY	ADDITIONAL INFORMATION
[signature]		

Acción comienza con la identificación del aeronave, una matrícula de origen estadounidense que mezcla letras y números. La casilla siguiente declara las reglas de vuelo instrumental con la letra I. Aunque no se mencione la descripción del vuelo, este se regirá bajo reglas de vuelo y IFR por volar a un nivel de vuelo superior a 195, en este caso FL210.

3 MESSAGE TYPE <=(FPL	7 AIRCRAFT IDENTIFICATION — N012983	8 FLIGHT RULES — I	TYPE OF FLIGHT — N	<=
9 NUMBER —	TYPE OF AIRCRAFT C560	WAKE TURBULENCE CAT. / L	10 EQUIPMENT — DGILORV/C	<=
13 DEPARTURE AERODROME — SCTE	TIME 1300	<=		
15 CRUISING SPEED — N290	LEVEL F210	ROUTE CALBU 1A T132 TONAR BAR ALGIL W32 CHP		

Recuerda que independientemente de las condiciones meteorológicas, todos los vuelos por encima del nivel 195, serán considerados vuelos IFR.

El tipo de vuelo es declarado como transporte aéreo no regular y lleva el código de la letra N. El modelo del avión para el Cessna Citation es C560, Y considerando su peso máximo de despegue por debajo de 7000 kilos, le corresponde la categoría de estela turbulenta Light L.

Equipamiento estándar con un transponder modo C, y adicionalmente posee un sistema de navegación inercial y un sistema RNAV, pero el sistema ADF se encuentra fuera de servicio. Considerando esto se declaran todas las letras correspondiente a cada equipo, seguido de la barra separadoras la letra C por el modo del transponder.

La siguiente casilla declara la sigla internacional OACI para el aeropuerto de origen, la ciudad de puerto Montt Chile (SCTE) seguido de la hora de inicio del vuelo en formato UTC. Recuerda que para Chile se considera la hora local +4 horas. En la última fila de esta sección se declara la velocidad de 290 nudos y el nivel de vuelo 210 a lo largo de toda la ruta.

3 MESSAGE TYPE	7 AIRCRAFT IDENTIFICATION	8 FLIGHT RULES	TYPE OF FLIGHT	
<=(FPL	— N012983	— I	— N	<=
9 NUMBER	TYPE OF AIRCRAFT	WAKE TURBULENCE CAT.	10 EQUIPMENT	
—	C560	/ L	— DGILORV/C	<=
13 DEPARTURE AERODROME	TIME			
— SCTE	1300	<=		
15 CRUISING SPEED	LEVEL	ROUTE		
— N290	F210	CALBU 1A T132 TONAR BAR ALGIL W32 CHP		

Analizando la cartografía de las páginas anteriores, la ruta comienza con la SID CALBU 1A, sigue con la aerovía T132 hasta la posición TONAR y de allí hasta el vor de Bariloche, siguiendo hasta la posición ALGIL y luego por la aerovía W32 hasta el vor CHP (destino).

La segunda sección comienza declarando la sigla OACI del aeropuerto de San Martín de los andes, Argentina (SAZY). El tiempo de vuelo declarado es de una hora y 10 minutos. La primera alternativa destino que se lo puerto internacional de la ciudad de Neuquén, Argentina y se declara su sigla OACI (SAZN).

16 DESTINATION AERODROME	TOTAL EET HR MIN	ALTN AERODROME	2ND ALTN AERODROME	
SAZY	0110	SAZN	SCTE	<=

18 OTHER INFORMATION

—

OPR/ TEC transport

RALT/ SAZS

STS/ HOSP <=

La segunda alternativa del destino es el aeropuerto de origen, puerto Montt en Chile (SCTE). En la casilla 18 se hacen tres aclaraciones. La primera informa del operador de la aeronave, la segunda informa una alternativa en ruta, declarada con el código RALT y la sigla OACI del aeropuerto (SAZS Bariloche), y la aclaración final de qué se trata de un vuelo sanitario, incluso del código STS.

Finalmente, en la última sección, se declara una autonomía de cuatro horas y 30 minutos. Nótese que en la casilla siguiente, donde debería declararse la cantidad de personas a bordo, se ha declarado el código TBN (to be notified), indicando que aún no se ha confirmado la cantidad final de personas a bordo. Recuerda que este código debe ser reemplazado por el número final antes de comenzar el vuelo.

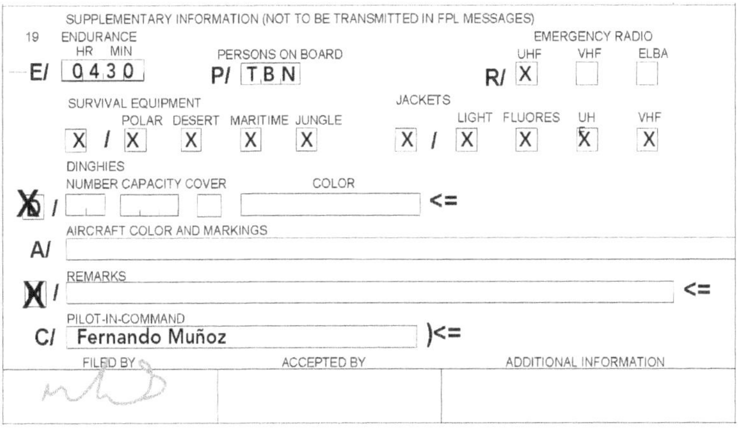

SUPPLEMENTARY INFORMATION (NOT TO BE TRANSMITTED IN FPL MESSAGES)
19 ENDURANCE HR MIN — E/ 0430 — PERSONS ON BOARD P/ TBN — EMERGENCY RADIO UHF VHF ELBA R/ X
SURVIVAL EQUIPMENT POLAR DESERT MARITIME JUNGLE — X / X X X X — JACKETS LIGHT FLUORES UH VHF — X / X X X X
DINGHIES NUMBER CAPACITY COVER COLOR — D / <=
AIRCRAFT COLOR AND MARKINGS — A/
REMARKS — N / <=
PILOT-IN-COMMAND — C/ Fernando Muñoz)<=
FILED BY — ACCEPTED BY — ADDITIONAL INFORMATION

Vuelo N° 5. Vuelo nacional con cambios

Este es un comercial de transporte aéreo regular desde el aeropuerto de la ciudad de Guayaquil, Ecuador (SEGU) hasta el aeropuerto de la ciudad de Quito, Ecuador (SEQM). La aeronave es un Airbus A320, con un peso máximo de despegue de 77.000 kg, matrícula EC-EZF12, con designación comercial LA-4554, operado por la empresa Latin Air de transporte aéreo regular.

El vuelo está previsto para despegar a las 12:30 hs hora local, se contemplan 10 minutos mas de rodaje. La aeronave declara una velocidad de 400 nudos en crucero, volando a nivel de vuelo 310 inicialmente, y en la posición MIGUR ascenderá a 350 por reportes de turbulencia a 310.

La ruta prevista incluye la SID BIVAN 1, la aerovía G675 y la RNAV STAR FEEDER Routes hasta llegar al destino. Se prevé un tiempo de vuelo de 45 minutos. La primera alternativa de destino es el aeropuerto de Latacunga, Ecuador, designador OACI SELT, y la segunda alterativa es el aeropuerto de origen, Guayaquil. La cantidad de pasajeros aún no se ha confirmado, pero se prevén alrededor de 155 personas. La aeronave parte con una autonomía para 4.5 horas de vuelo, cuenta con todas las radios de emergencia pero si equipamiento para supervivencia. El fuselaje es de color plateado con rayas verdes. El piloto al mando es el Capt. Maximiliano Anay. El plan de vuelo ha sido presentado por el despachador de la compañía, el Sr Julio Gomez. A continuación se observa la carta de ruta, la carta de salir instrumental y la carta de ingreso al terminal en Quito. Luego encontrarás un plan de vuelo vacío, y como es habitual, intenta completarlo con todos estos datos. En la página siguientes lo haremos juntos y estudiaremos a cada sección. Por último, recuerda que en Ecuador la hora UTC es la hora local + 5 hs.

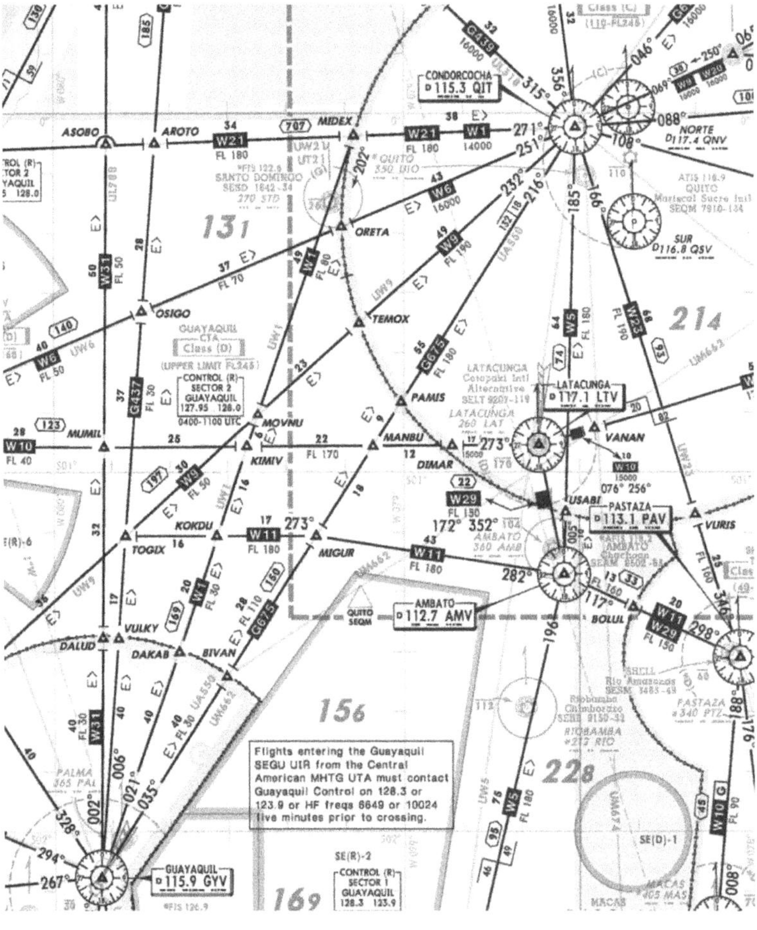

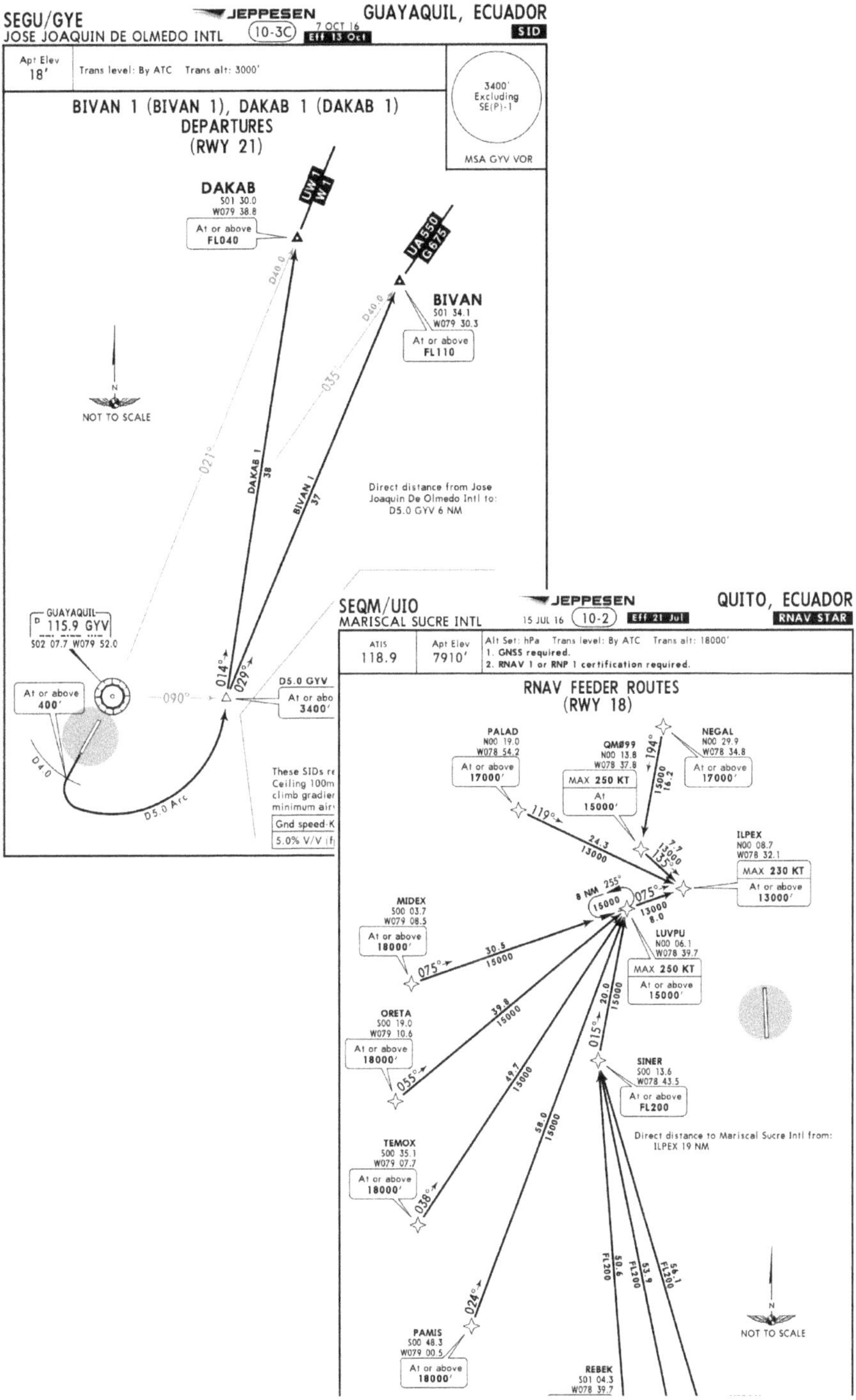
SEGU/GYE
JEPPESEN
GUAYAQUIL, ECUADOR
JOSE JOAQUIN DE OLMEDO INTL
10-3C
7 OCT 16
Eff 13 Oct
SID
Apt Elev
18'
Trans level: By ATC Trans alt: 3000'
3400' Excluding SE(P)-1
MSA GYV VOR
BIVAN 1 (BIVAN 1), DAKAB 1 (DAKAB 1) DEPARTURES (RWY 21)
DAKAB
S01 30.0
W079 38.8
At or above FL040
UW 1
W 1
UA550
G675
BIVAN
S01 34.1
W079 30.3
At or above FL110
NOT TO SCALE
D40.0
035°
021°
DAKAB 1
38
BIVAN 1
37
Direct distance from Jose Joaquin De Olmedo Intl to:
D5.0 GYV 6 NM
GUAYAQUIL
D 115.9 GYV
S02 07.7 W079 52.0
At or above 400'
090°
014°
029°
D5.0 GYV
At or abo 3400'
D4.0
D5.0 Arc
These SIDs re
Ceiling 100m
climb gradier
minimum air
Gnd speed-K
5.0% V/V (f
SEQM/UIO
JEPPESEN
QUITO, ECUADOR
MARISCAL SUCRE INTL
15 JUL 16
10-2
Eff 21 Jul
RNAV STAR
ATIS
118.9
Apt Elev
7910'
Alt Set: hPa Trans level: By ATC Trans alt: 18000'
1. GNSS required.
2. RNAV 1 or RNP 1 certification required.
RNAV FEEDER ROUTES (RWY 18)
PALAD
N00 19.0
W078 54.2
At or above 17000'
QM099
N00 13.8
W078 37.8
MAX 250 KT
At 15000'
NEGAL
N00 29.9
W078 34.8
At or above 17000'
194°
15000
16.2
119°
24.3
13000
7.7
13000
135°
ILPEX
N00 08.7
W078 32.1
MAX 230 KT
At or above 13000'
8 NM 255°
15000
075°
13000
8.0
MIDEX
S00 03.7
W079 08.5
At or above 18000'
30.5
15000
075°
LUVPU
N00 06.1
W078 39.7
MAX 250 KT
At or above 15000'
ORETA
S00 19.0
W079 10.6
At or above 18000'
39.8
15000
055°
20.0
15000
015°
SINER
S00 13.6
W078 43.5
At or above FL200
49.7
15000
58.0
15000
Direct distance to Mariscal Sucre Intl from:
ILPEX 19 NM
TEMOX
S00 35.1
W079 07.7
At or above 18000'
038°
FL200
50.6
FL200
53.9
56.1
FL200
NOT TO SCALE
024°
PAMIS
S00 48.3
W079 00.5
At or above 18000'
REBEK
S01 04.3
W078 39.7

U S Department of Transportation
Federal Aviation Administration

International Flight Plan

PRIORITY
<=FF

ADDRESSEE(S)
<=

FILING TIME

ORIGINATOR
<=

SPECIFIC IDENTIFICATION OF ADDRESSEE(S) AND / OR ORIGINATOR

3 MESSAGE TYPE
<=(FPL

7 AIRCRAFT IDENTIFICATION
—

8 FLIGHT RULES
—

TYPE OF FLIGHT
— <=

9 NUMBER
—

TYPE OF AIRCRAFT

WAKE TURBULENCE CAT.
/

10 EQUIPMENT
— / <=

13 DEPARTURE AERODROME
—

TIME
<=

15 CRUISING SPEED
—

LEVEL

ROUTE

<=

16 DESTINATION AERODROME

TOTAL EET
HR MIN

ALTN AERODROME

2ND ALTN AERODROME
<=

18 OTHER INFORMATION
—

<=

SUPPLEMENTARY INFORMATION (NOT TO BE TRANSMITTED IN FPL MESSAGES)

19 ENDURANCE
HR MIN
—E/

PERSONS ON BOARD
P/

EMERGENCY RADIO
UHF VHF ELBA
R/

SURVIVAL EQUIPMENT
POLAR DESERT MARITIME JUNGLE
/

JACKETS
LIGHT FLUORES UHF VHF
/

DINGHIES
NUMBER CAPACITY COVER COLOR
D / <=

AIRCRAFT COLOR AND MARKINGS
A/

REMARKS
N / <=

PILOT-IN-COMMAND
C/)<=

FILED BY

ACCEPTED BY

ADDITIONAL INFORMATION

U.S Department of Transportation
Federal Aviation Administration

International Flight Plan

PRIORITY: <=FF

ADDRESSEE(S): <=

FILING TIME | ORIGINATOR <=

SPECIFIC IDENTIFICATION OF ADDRESSEE(S) AND / OR ORIGINATOR

3 MESSAGE TYPE: <=(FPL — 7 AIRCRAFT IDENTIFICATION: LA4554 — 8 FLIGHT RULES: I — TYPE OF FLIGHT: S <=

9 NUMBER: — TYPE OF AIRCRAFT: A320 — WAKE TURBULENCE CAT.: / M — 10 EQUIPMENT: SGHIJRUV/C <=

13 DEPARTURE AERODROME: SEGU — TIME: 1720 <=

15 CRUISING SPEED: N400 — LEVEL: F310 — ROUTE: BIVAN 1 G675 C/MIGURN400F310F350

DCT PAMIS FEEDER ROUTES

<=

16 DESTINATION AERODROME: SEQM — TOTAL EET HR MIN: 0045 — ALTN AERODROME: SELT — 2ND ALTN AERODROME: SEGU <=

18 OTHER INFORMATION

— OPR/ LATIN AIR

REG/ EC-EZF12

<=

SUPPLEMENTARY INFORMATION (NOT TO BE TRANSMITTED IN FPL MESSAGES)

19 ENDURANCE HR MIN: —E/ 0430 — PERSONS ON BOARD: P/ TBN — EMERGENCY RADIO: R/ UHF VHF ELBA

SURVIVAL EQUIPMENT: X / POLAR X — DESERT X — MARITIME X — JUNGLE X

JACKETS: X / LIGHT X — FLUORES X — UHF X — VHF X

DINGHIES

NUMBER CAPACITY COVER COLOR

X / <=

AIRCRAFT COLOR AND MARKINGS

A/ AERONAVE PLATEADA CON FRANJAS VERDES

REMARKS

X / <=

PILOT-IN-COMMAND

C/ Maximiliano Anay)<=

FILED BY	ACCEPTED BY	ADDITIONAL INFORMATION
Julio Gomez		

La primera casilla de esta sección comienza con la identificación de la aeronave. En este caso no coincide con la matrícula, sino que se trata de la designación comercial del vuelo. Considerando esto, la matrícula deberá ser aclarada en la casilla 18. La siguiente casilla, reglas de vuelo, declara la letra I para un vuelo instrumental. Recuerda que, independientemente de las condiciones meteorológicas, todo vuelo que se desarrolle por encima del nivel de vuelo 195, será considerado bajo reglas de vuelo IFR.

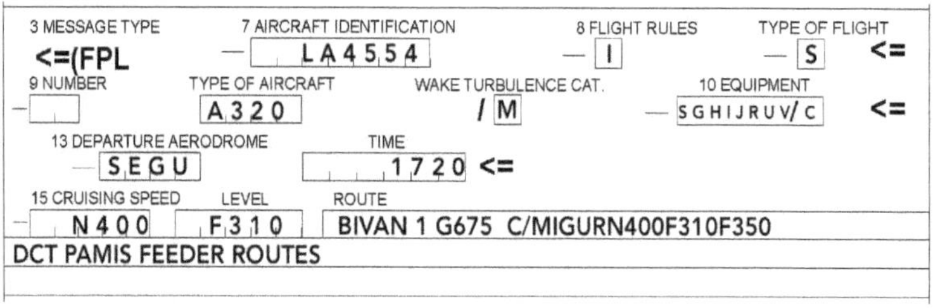
3 MESSAGE TYPE <=(FPL
7 AIRCRAFT IDENTIFICATION — LA4554
8 FLIGHT RULES — I
TYPE OF FLIGHT — S <=
9 NUMBER —
TYPE OF AIRCRAFT A320
WAKE TURBULENCE CAT. / M
10 EQUIPMENT — SGHIJRUV/C <=
13 DEPARTURE AERODROME — SEGU
TIME 1720 <=
15 CRUISING SPEED — N400
LEVEL F310
ROUTE BIVAN 1 G675 C/MIGURN400F310F350
DCT PAMIS FEEDER ROUTES

En la casilla de tipo de vuelo, se declara la letra S, correspondiente al código para los vuelos de servicio de transporte aéreo regular. El tipo de aeronave para la fábrica Airbus en sus diferentes modelos se declara con la letra A y el número del modelo de avión, en este caso A320 (Airbus A320). Considerando que el peso máximo de este aeronave es de 77,000 kilos, le corresponde la categoría de estela turbulenta media representada con la letra M.

En la casilla de equipamiento, las aeronaves comerciales de gran porte cuentan con una gran cantidad de equipos instalados, y en todos los casos el transponder en modo C. La casilla 13 representa a la sigla internacional OACI para aeropuerto de Guayaquil SEGU. La declaración de la hora, es importante recordar que es la hora de "fuera calzos". Según la información del vuelo, este debe despegar a las 12:30 hora local, considerando 10 minutos adicionales que podría demorar el rodaje hasta la pista.

Esto da como resultado que la hora a declarar debería ser las 12:20 hora local, y recordando que en Ecuador la hora UTC es hora local +5, en el plan de vuelo debe figurar la hora 17:20.

3 MESSAGE TYPE — 7 AIRCRAFT IDENTIFICATION — 8 FLIGHT RULES — TYPE OF FLIGHT

<=(FPL — LA4554 — I — S <=

9 NUMBER — TYPE OF AIRCRAFT — WAKE TURBULENCE CAT. — 10 EQUIPMENT

— A320 /M — SGHIJRUV/C <=

13 DEPARTURE AERODROME — TIME

— SEGU 1720 <=

15 CRUISING SPEED — LEVEL — ROUTE

— N400 F310 BIVAN 1 G675 C/MIGURN400F310F350

DCT PAMIS FEEDER ROUTES

Según la información del vuelo se declara una velocidad de 400 nudos, y un nivel de vuelo inicial de 310, aunque se prevea un cambio posterior en crucero. La descripción de la ruta comienza con el nombre de la carta de salir instrumental, BIVAN 1, continúa con el nombre del aerovía, y se informa de un ascenso o cambio de nivel de vuelo en la posición MIGUR.

Seguido a ello continúa directo al próximo punto que conectará con el procedimiento de ingreso instrumental al terminal de Quito (STAR FEEDER).

En caso de que el cambio en el nivel de vuelo no se efectúe, la aeronave deberá mantener el nivel de vuelo declarado de 310.

Recuerda que todo cambio de nivel de vuelo debe ser declarado con los códigos correspondientes, informando la velocidad, el nivel de vuelo que se abandona y el nivel de vuelo final a volar.

La segunda sección comienza con el designador OACI del aeropuerto de destino en la ciudad de Quito (SEQM). El tiempo de vuelo previsto es de 45 minutos. Recuerda que este tiempo declarado es desde el despegue hasta el aterrizaje únicamente. Se declaran dos alternativas de destino. En la casilla 18 se informa que el operador de la aeronave en la línea aérea Latin Air, y adicionalmente, se agrega el código REG para informar la matrícula del aeronave, ya que ésta no coincide con la identificación del aeronave declarada al inicio del formulario.

16 DESTINATION AERODROME — SEQM
TOTAL EET HR MIN — 0045
ALTN AERODROME — SELT
2ND ALTN AERODROME — SEGU <=

18 OTHER INFORMATION
— OPR/ LATIN AIR
REG/ EC-EZF12

Nótese que en la información suplementaria se vuelve a declarar el código TBN en la cantidad de personas a bordo, ya que según la información del vuelo, aún no se conoce la cantidad exacta de pasajeros.

SUPPLEMENTARY INFORMATION (NOT TO BE TRANSMITTED IN FPL MESSAGES)

19 ENDURANCE HR MIN — E/ 0430
PERSONS ON BOARD — P/ TBN
EMERGENCY RADIO UHF VHF ELBA — R/ ☐ ☐ ☐

SURVIVAL EQUIPMENT / POLAR DESERT MARITIME JUNGLE — X / X X X X
JACKETS / LIGHT FLUORES UH VHF — X / X X X X

DINGHIES NUMBER CAPACITY COVER COLOR — X / ☐ ☐ ☐ ☐ <=

AIRCRAFT COLOR AND MARKINGS
A/ AERONAVE PLATEADA CON FRANJAS VERDES

REMARKS
X / <=

PILOT-IN-COMMAND
C/ Maximiliano Anay)<=

FILED BY	ACCEPTED BY	ADDITIONAL INFORMATION
Julio Gomez		

Vuelo N° 6. Vuelo doble y diferido

En este ejemplo intentaremos algo diferente. El vuelo parte de un aeropuerto el día 14 de septiembre hacia una estancia en medio del campo y regresa al día siguiente, partiendo de esta misma estancia al mismo aeropuerto de origen. Para ello, el piloto presenta dos planes de vuelo, uno para el vuelo de ese mismo día y otro para el vuelo de regreso al día siguiente.

La aeronave es un Cessna 182, matricula MN-0510. El piloto lleva a tres personas mas que se quedarán una semana en el campo. La aeronave cuenta con un equipamiento estándar y un transponder modo C. Sale con los tanques de combustible llenos y una autonomía de 5 horas. El aeropuerto de salida es la ciudad de Cordoba (SACO), Argentina.

El destino es una estancia ubicada al sur del aeropuerto a 45 NM, sobre el radial CBA170. La velocidad de la aeronave es de 120 nudos y se prevé volar a una altitud de 1500 metros en un vuelo directo hasta la pista de la estancia de nombre "Estancia Olga".

El tiempo de vuelo es de 25 minutos, se prevé despegar a las 08 am hora local, y al ser un vuelo VFR solo se declarará como alternativa de destino al aeropuerto de origen. El piloto al mando es el propietario del avión, Capitán Jose Enrique, quien presentará ambos planes de vuelo. La aeronave solo cuenta con un VHF, es de color blanca y roja.

El vuelo de regreso se planifica directo al aeropuerto de Cordoba (SACO), bajo las mismas condiciones, pero considerando partir a las 12 am hora local.

U S Department of Transportation
Federal Aviation Administration

International Flight Plan

PRIORITY ADDRESSEE(S)

<=FF

<=

FILING TIME

ORIGINATOR <=

SPECIFIC IDENTIFICATION OF ADDRESSEE(S) AND / OR ORIGINATOR

3 MESSAGE TYPE 7 AIRCRAFT IDENTIFICATION 8 FLIGHT RULES TYPE OF FLIGHT

<=(FPL — — — <=

9 NUMBER TYPE OF AIRCRAFT WAKE TURBULENCE CAT. 10 EQUIPMENT

— / — / <=

13 DEPARTURE AERODROME TIME

— <=

15 CRUISING SPEED LEVEL ROUTE

—

<=

TOTAL EET

16 DESTINATION AERODROME HR MIN ALTN AERODROME 2ND ALTN AERODROME

<=

18 OTHER INFORMATION

—

<=

SUPPLEMENTARY INFORMATION (NOT TO BE TRANSMITTED IN FPL MESSAGES)

19 ENDURANCE EMERGENCY RADIO

HR MIN PERSONS ON BOARD UHF VHF ELBA

—E/ P/ R/

SURVIVAL EQUIPMENT JACKETS

POLAR DESERT MARITIME JUNGLE LIGHT FLUORES UHF VHF

/ /

DINGHIES

NUMBER CAPACITY COVER COLOR

D / <=

AIRCRAFT COLOR AND MARKINGS

A/

REMARKS

N / <=

PILOT-IN-COMMAND

C/)<=

FILED BY	ACCEPTED BY	ADDITIONAL INFORMATION

U.S. Department of Transportation
Federal Aviation Administration

International Flight Plan

PRIORITY ADDRESSEE(S)

<=FF

<=

FILING TIME ORIGINATOR

<=

SPECIFIC IDENTIFICATION OF ADDRESSEE(S) AND / OR ORIGINATOR

3 MESSAGE TYPE 7 AIRCRAFT IDENTIFICATION 8 FLIGHT RULES TYPE OF FLIGHT

<=(FPL — — — <=

9 NUMBER TYPE OF AIRCRAFT WAKE TURBULENCE CAT. 10 EQUIPMENT

— / — / <=

13 DEPARTURE AERODROME TIME

— <=

15 CRUISING SPEED LEVEL ROUTE

—

<=

TOTAL EET

16 DESTINATION AERODROME HR MIN ALTN AERODROME 2ND ALTN AERODROME

<=

18 OTHER INFORMATION

—

<=

19 SUPPLEMENTARY INFORMATION (NOT TO BE TRANSMITTED IN FPL MESSAGES)

ENDURANCE EMERGENCY RADIO

HR MIN PERSONS ON BOARD UHF VHF ELBA

—E/ P/ R/

SURVIVAL EQUIPMENT JACKETS

POLAR DESERT MARITIME JUNGLE LIGHT FLUORES UHF VHF

/ /

DINGHIES

NUMBER CAPACITY COVER COLOR

D / <=

AIRCRAFT COLOR AND MARKINGS

A/

REMARKS

N / <=

PILOT-IN-COMMAND

C/)<=

FILED BY ACCEPTED BY ADDITIONAL INFORMATION

U S Department of Transportation
Federal Aviation Administration

International Flight Plan

PRIORITY: <=FF
ADDRESSEE(S): <=

FILING TIME:
ORIGINATOR: <=

SPECIFIC IDENTIFICATION OF ADDRESSEE(S) AND / OR ORIGINATOR

3 MESSAGE TYPE: <=(FPL
7 AIRCRAFT IDENTIFICATION: — MN0510
8 FLIGHT RULES: — V
TYPE OF FLIGHT: — G <=

9 NUMBER: —
TYPE OF AIRCRAFT: C182
WAKE TURBULENCE CAT.: / L
10 EQUIPMENT: — S/C <=

13 DEPARTURE AERODROME: — SACO
TIME: 1100 <=

15 CRUISING SPEED: — N120
LEVEL: M0150
ROUTE: DCT CBA17045

<=

16 DESTINATION AERODROME: ZZZZ
TOTAL EET HR MIN: 0025
ALTN AERODROME: SACO
2ND ALTN AERODROME: <=

18 OTHER INFORMATION: — DEST/ ESTANCIA "OLGA" CBA170 45 NM

<=

SUPPLEMENTARY INFORMATION (NOT TO BE TRANSMITTED IN FPL MESSAGES)

19 ENDURANCE HR MIN: —E/ 0500
PERSONS ON BOARD: P/ 004
EMERGENCY RADIO: R/ UHF X VHF ☐ ELBA X

SURVIVAL EQUIPMENT: X / POLAR X DESERT X MARITIME X JUNGLE X
JACKETS: X / LIGHT X FLUORES X UHF X VHF X

DINGHIES
NUMBER CAPACITY COVER COLOR
X D / <=

AIRCRAFT COLOR AND MARKINGS
A/ AERONAVE BLANCA Y ROJA

REMARKS
X N / <=

PILOT-IN-COMMAND
C/ JOSE ENRIQUE)<=

FILED BY	ACCEPTED BY	ADDITIONAL INFORMATION
JOSE ENRIQUE		

U S Department of Transportation
Federal Aviation Administration

International Flight Plan

PRIORITY <=FF

ADDRESSEE(S) <=

FILING TIME

ORIGINATOR <=

SPECIFIC IDENTIFICATION OF ADDRESSEE(S) AND / OR ORIGINATOR

3 MESSAGE TYPE <=(FPL

7 AIRCRAFT IDENTIFICATION — MN0510

8 FLIGHT RULES — V

TYPE OF FLIGHT — G <=

9 NUMBER —

TYPE OF AIRCRAFT C182

WAKE TURBULENCE CAT. / L

10 EQUIPMENT — S/C <=

13 DEPARTURE AERODROME — ZZZZ

TIME 1500 <=

15 CRUISING SPEED — N120

LEVEL M0150

ROUTE DCT SACO

<=

16 DESTINATION AERODROME SACO

TOTAL EET HR MIN 0025

ALTN AERODROME ZZZZ

2ND ALTN AERODROME <=

18 OTHER INFORMATION

— DEPT/ ESTANCIA "OLGA" CBA170 45 NM

ALTN/ ESTANCIA "OLGA" CBA170 45 NM

DOF/ fecha del vuelo 15 de septiembre

<=

SUPPLEMENTARY INFORMATION (NOT TO BE TRANSMITTED IN FPL MESSAGES)

19 ENDURANCE HR MIN

—E/ 0500

PERSONS ON BOARD P/ 001

EMERGENCY RADIO R/ UHF X VHF ELBA X

SURVIVAL EQUIPMENT X / POLAR X DESERT X MARITIME X JUNGLE X

JACKETS X / LIGHT X FLUORES X UHF X VHF X

DINGHIES

NUMBER CAPACITY COVER COLOR

X D / <=

AIRCRAFT COLOR AND MARKINGS

A/ AERONAVE BLANCA Y ROJA

REMARKS

X N / <=

PILOT-IN-COMMAND

C/ JOSE ENRIQUE)<=

FILED BY	ACCEPTED BY	ADDITIONAL INFORMATION
JOSE ENRIQUE		

La primera sección del plan comienza con la matrícula, sigue con las reglas de vuelo visual y el tipo de vuelo general. Debajo la designación del tipo de aeronave, la categoría de estela turbulenta ligera y el equipamiento estándar con transponder modo Charlie.

3 MESSAGE TYPE	7 AIRCRAFT IDENTIFICATION	8 FLIGHT RULES	TYPE OF FLIGHT	
<=(FPL	— MN0510	— V	— G	<=
9 NUMBER	TYPE OF AIRCRAFT	WAKE TURBULENCE CAT.	10 EQUIPMENT	
—	C182	/ L	— S/C	<=
13 DEPARTURE AERODROME	TIME			
— SACO	1100 <=			
15 CRUISING SPEED	LEVEL	ROUTE		
— N120	M0150	DCT CBA17045		

Según la información del vuelo, se prevé despegar del aeropuerto de Córdoba a las 08 am hora local. En hora UTC se declara, 11:00. Recuerda que en Argentina la hora UTC es la hora local + 3hs. El piloto declaró una velocidad de 120 nudos y una altitud de 1500 metros. Recuerda que al declarar en esta unidad de medida, se deben expresar en decenas de metros.

En este caso con la letra M a informando 150 decenas que equivalen a 1500 metros. La descripción de la ruta indica un vuelo directo hacia una posición determinada. En este caso la ubicación de la distancia en el radial 170 del VOR de Córdoba a 45 millas.

La segunda sección continúa con la declaración del destino. En este caso ZZZZ, y posteriormente se aclarará el lugar en texto claro.

16 DESTINATION AERODROME	TOTAL EET HR MIN	ALTN AERODROME	2ND ALTN AERODROME	
ZZZZ	0025	SACO		<=
18 OTHER INFORMATION				
— DEST/ ESTANCIA "OLGA" CBA170 45 NM				

El tiempo de vuelo provisto es de 25 minutos, desde el despegue hasta el aterrizaje, y se ha declarado al aeropuerto de origen como alternativa destino. En la casilla 18 aparece el código DEST/ a qué hora toque el nombre del destino es la estancia “Olga” y que su ubicación es el radial 170 de Córdoba a 45 millas.

Ya en la sección final, se declara la autonomía de cinco horas de vuelo, cuatro personas a bordo, un equipo VHF instalado, color y marca de la nave y el nombre del piloto al mando.

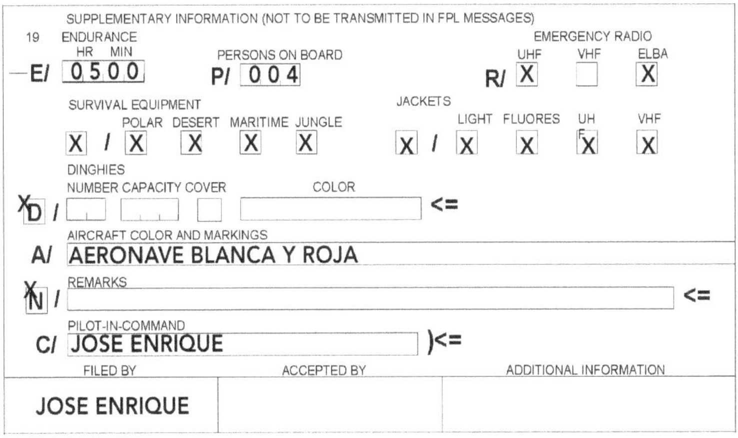
SUPPLEMENTARY INFORMATION (NOT TO BE TRANSMITTED IN FPL MESSAGES)

19 ENDURANCE HR MIN — E/ 0500 PERSONS ON BOARD P/ 004 EMERGENCY RADIO UHF VHF ELBA R/ X X

SURVIVAL EQUIPMENT POLAR DESERT MARITIME JUNGLE X / X X X X JACKETS LIGHT FLUORES UHF VHF X / X X X X

DINGHIES NUMBER CAPACITY COVER COLOR X D / <=

AIRCRAFT COLOR AND MARKINGS A/ AERONAVE BLANCA Y ROJA

REMARKS X N / <=

PILOT-IN-COMMAND C/ JOSE ENRIQUE)<=

FILED BY ACCEPTED BY ADDITIONAL INFORMATION

JOSE ENRIQUE

Hasta aquí el plan de vuelo para el primer tramo de este día. Pero en este caso, el piloto ha presentado un segundo plan de vuelo para el día siguiente, momento en el cual regresara desde la distancia hacia la ciudad de Córdoba.

La primera sección del plan comienza similar al formulario anterior, declara la matrícula de la nave, las reglas de vuelo visual, el tipo de vuelo general, el mismo modelo de avión, categoría de estela turbulenta ligera, equipamiento estándar con transponder modo Charlie, y en la casilla de aeropuerto de salida se declara ZZZZ, ya que la estancia no cuenta con un designador OACI.

El vuelo está previsto para las 12 am hora local, considerando la misma velocidad y la misma altitud que el día anterior, y describiendo una ruta directa hacia el aeropuerto de Córdoba.

3 MESSAGE TYPE	7 AIRCRAFT IDENTIFICATION	8 FLIGHT RULES	TYPE OF FLIGHT	
<=(FPL	— MN0510	— V	— G	<=
9 NUMBER	TYPE OF AIRCRAFT	WAKE TURBULENCE CAT.	10 EQUIPMENT	
—	C182	/ L	— S/C	<=
13 DEPARTURE AERODROME	TIME			
— ZZZZ	1500 <=			
15 CRUISING SPEED	LEVEL	ROUTE		
— N120	M0150	DCT SACO		

En la segunda sección se declara la sigla OACI del aeropuerto de destino, el tiempo de vuelo de 25 minutos y una alternativa por ser un vuelo VFR. En este caso ZZZZ.

16 DESTINATION AERODROME	TOTAL EET HR MIN	ALTN AERODROME	2ND ALTN AERODROME	
SACO	0025	ZZZZ		<=

18 OTHER INFORMATION

— DEPT/ ESTANCIA "OLGA" CBA170 45 NM

ALTN/ ESTANCIA "OLGA" CBA170 45 NM

DOF/ fecha del vuelo 15 de septiembre

<=

En la casilla 18 aparecen los códigos DEPT/, ALTN/ y DOF/. Aquí se aclara que el aeródromo de salida es la estancia "Olga" junto con su ubicación; junto con la aclaración del aeródromo de alternativa con el mismo lugar.

Adicionalmente se aclara que se trata de un plan de vuelo diferido y que la fecha del vuelo será al día siguiente, el 15 de septiembre.

En la última sección de información suplementaria, se declara una autonomía de cinco horas de vuelo, y una sola persona a bordo, ya que los pasajeros tenían previsto quedarse en el campo por una semana la aeronave sólo cuenta con un equipo VHF, es de color blanca y roja y el nombre del piloto armando coincide con el nombre de quien ha presentado el plan.

SUPPLEMENTARY INFORMATION (NOT TO BE TRANSMITTED IN FPL MESSAGES)

19 ENDURANCE HR MIN — E/ 0500 PERSONS ON BOARD P/ 001 EMERGENCY RADIO UHF VHF ELBA R/ X [ ] X

SURVIVAL EQUIPMENT POLAR DESERT MARITIME JUNGLE X / X X X X JACKETS LIGHT FLUORES UHF VHF X / X X X X

DINGHIES NUMBER CAPACITY COVER COLOR X D / [ ] [ ] [ ] [ ] <=

AIRCRAFT COLOR AND MARKINGS A/ AERONAVE BLANCA Y ROJA

REMARKS X N / [ ] <=

PILOT-IN-COMMAND C/ JOSE ENRIQUE)<=

FILED BY	ACCEPTED BY	ADDITIONAL INFORMATION
JOSE ENRIQUE		

Vuelo N° 7. Un vuelo turístico

En este ejemplo se planifica un vuelo local por la costa con fines turísticos. La aeronave es un Piper Seneca V (PA-34), matrícula N00123, operada por dos pilotos y transportando a 4 turistas. La velocidad en crucero será de 100 nudos y la altitud prevista es de 2000 pies, un sobrevuelo a baja altura por la costa.

El vuelo parte desde un aeródromo no controlado (un aeroclub de la zona) a las 12 am hora local y durará unos 20 minutos, pero uno de los pilotos a llevado personalmente el plan de vuelo hasta la oficina de operaciones en el aeropuerto a primera hora de la mañana de ese mismo día. El aeródromo de destino será el mismo aeroclub de la partida.

Como alternativa se considera al aeropuerto mas cercano, el aeropuerto internacional de la ciudad de Montevideo, Uruguay, designador OACI SUMU. La aeronave posee sus tanques de combustible a la mitad de su capacidad y esto le da una autonomía de 3.5 horas de vuelo.

La aeronave es de color celeste con rayas azules, posee un equipo VFH y un sistema ELT como radiobaliza de emergencia.

Considerando que se trata de un vuelo sobre el mar, la aeronave está equipada con 6 chalecos salvavidas. Estos chalecos tienen un sistema de luces y colores reflectantes, pero no cuentan con ningún sistema de radiobalizas.

El piloto al mando es el capitán Juan Marquez, y el segundo piloto, quien volará como PM y quien ha presentado el formulario del plan de vuelo en el aeropuerto, es el Sr. Julian Ramón.

Recuerda que en Uruguay, al igual que en Argentina, la hora UTC es la hora local + 3 horas.

Ten presente que todos los datos son inventados y podrían no coincidir con datos reales de locación, y/o performance.

A continuación encontrarás un plan de vuelo vacío. Intenta completarlo antes de pasar a la página siguiente, donde lo encontraras con toda la información ya completa. Posteriormente lo analizaremos juntos.

U.S. Department of Transportation
Federal Aviation Administration

International Flight Plan

PRIORITY <=FF

ADDRESSEE(S) <=

FILING TIME

ORIGINATOR <=

SPECIFIC IDENTIFICATION OF ADDRESSEE(S) AND / OR ORIGINATOR

3 MESSAGE TYPE <=(FPL

7 AIRCRAFT IDENTIFICATION —

8 FLIGHT RULES —

TYPE OF FLIGHT — <=

9 NUMBER —

TYPE OF AIRCRAFT

WAKE TURBULENCE CAT. /

10 EQUIPMENT — / <=

13 DEPARTURE AERODROME —

TIME <=

15 CRUISING SPEED —

LEVEL

ROUTE

<=

16 DESTINATION AERODROME

TOTAL EET HR MIN

ALTN AERODROME

2ND ALTN AERODROME <=

18 OTHER INFORMATION —

<=

SUPPLEMENTARY INFORMATION (NOT TO BE TRANSMITTED IN FPL MESSAGES)

19 ENDURANCE HR MIN

—E/

PERSONS ON BOARD P/

EMERGENCY RADIO UHF VHF ELBA R/

SURVIVAL EQUIPMENT / POLAR DESERT MARITIME JUNGLE

JACKETS / LIGHT FLUORES UHF VHF

DINGHIES

NUMBER CAPACITY COVER COLOR

D / <=

AIRCRAFT COLOR AND MARKINGS

A/

REMARKS

N / <=

PILOT-IN-COMMAND

C/)<=

FILED BY

ACCEPTED BY

ADDITIONAL INFORMATION

U S Department of Transportation
Federal Aviation Administration

International Flight Plan

PRIORITY: <=FF

ADDRESSEE(S): <=

FILING TIME | ORIGINATOR <=

SPECIFIC IDENTIFICATION OF ADDRESSEE(S) AND / OR ORIGINATOR

3 MESSAGE TYPE	7 AIRCRAFT IDENTIFICATION	8 FLIGHT RULES	TYPE OF FLIGHT	
<=(FPL	— N00123	— V	— G	<=

9 NUMBER	TYPE OF AIRCRAFT	WAKE TURBULENCE CAT.	10 EQUIPMENT	
—	PA34	/ L	— S/C	<=

13 DEPARTURE AERODROME	TIME	
— ZZZZ	1500	<=

15 CRUISING SPEED	LEVEL	ROUTE
— N100	A020	vuelo local entre los radiales 360 y 180

en un radio de 20NM de SUMU <=

16 DESTINATION AERODROME	TOTAL EET HR MIN	ALTN AERODROME	2ND ALTN AERODROME	
ZZZZ	0020	SUMU		<=

18 OTHER INFORMATION

— DEP/ Aeroclub MPP
DEST/ Aeroclub MPP <=

SUPPLEMENTARY INFORMATION (NOT TO BE TRANSMITTED IN FPL MESSAGES)

19 ENDURANCE HR MIN — E/ 0330

PERSONS ON BOARD P/ 006

EMERGENCY RADIO R/ UHF X | VHF | ELBA

SURVIVAL EQUIPMENT X / POLAR X | DESERT X | MARITIME X | JUNGLE X

JACKETS / LIGHT | FLUORES | UH X | VHF X

DINGHIES NUMBER CAPACITY COVER COLOR

X D / <=

AIRCRAFT COLOR AND MARKINGS

A/ Aeronave celeste con rayas azules

REMARKS

X N / <=

PILOT-IN-COMMAND

C/ Juan Marquez)<=

FILED BY	ACCEPTED BY	ADDITIONAL INFORMATION
Julian Ramón		

El plan de vuelo comienza con la aclaración de la matrícula, seguido de la letra V para las reglas de vuelo visual, y la letra G para el tipo de vuelo general. El tipo de aeronave es PA34, con una categoría de estela turbulenta ligera y un equipamiento estándar con transponder modo C. El aeródromo de origen es un aeroclub de la zona que no cuenta con un designador OACI, por tal motivo, se declara ZZZZ y posteriormente se informará el nombre del lugar. El vuelo parte a las 15:00 hs UTC (12hs local). Se declara una velocidad de 100 nudos y una altitud de 2000 pies, indicando la letra A y el valor en centenares de pies (20 centenares es igual a 2000 pies). La ruta se describe como un vuelo local, abarcando el sector este del aeropuerto en un radio de 20 millas.

3 MESSAGE TYPE	7 AIRCRAFT IDENTIFICATION	8 FLIGHT RULES	TYPE OF FLIGHT	
<=(FPL	— N00123	— V	— G	<=

9 NUMBER	TYPE OF AIRCRAFT	WAKE TURBULENCE CAT.	10 EQUIPMENT	
—	PA34	/ L	— S/C	<=

13 DEPARTURE AERODROME	TIME	
— ZZZZ	1500	<=

15 CRUISING SPEED	LEVEL	ROUTE
— N100	A020	vuelo local entre los radiales 360 y 180

en un radio de 20NM de SUMU

La segunda sección declara el aeródromo de destino como ZZZZ, ya que se trata del mismo aeródromo de origen, el cual no cuenta con un designador OACI.

16 DESTINATION AERODROME	TOTAL EET HR MIN	ALTN AERODROME	2ND ALTN AERODROME	
ZZZZ	0020	SUMU		<=

18 OTHER INFORMATION

— DEP/ Aeroclub MPP

DEST/ Aeroclub MPP

El tiempo de vuelo es de 20 minutos y la alternativa del destino es el aeropuerto internacional de la ciudad de Montevideo, Uruguay. En la casilla 18 se aclara el nombre del origen y el destino en texto claro con los códigos DEP y DEST, respectivamente.

TOTAL EET

16 DESTINATION AERODROME: ZZZZ — HR MIN: 0020 — ALTN AERODROME: SUMU — 2ND ALTN AERODROME: [ ] <=

18 OTHER INFORMATION

– DEP/ Aeroclub MPP

DEST/ Aeroclub MPP

La sección final declara una autonomía de 3 horas y 30 minutos, con 6 personas a bordo de la aeronave, un equipo VFH, un equipo ELT y chalecos salvavidas equipados con un sistema de luces, pero sin equipos de radio. Finalmente, la descripción de la aeronave y la firma de ambos pilotos, según corresponda.

SUPPLEMENTARY INFORMATION (NOT TO BE TRANSMITTED IN FPL MESSAGES)

19 ENDURANCE HR MIN — PERSONS ON BOARD — EMERGENCY RADIO UHF VHF ELBA

–E/ 0330 P/ 006 R/ [X] [ ] [ ]

SURVIVAL EQUIPMENT POLAR DESERT MARITIME JUNGLE — JACKETS LIGHT FLUORES UH VHF

[X] / [X] [X] [X] [X] [ ] / [ ] [ ] [X] [X]

DINGHIES NUMBER CAPACITY COVER COLOR

X D / [ ] [ ] [ ] [ ] <=

AIRCRAFT COLOR AND MARKINGS

A/ Aeronave celeste con rayas azules

REMARKS

X N / [ ] <=

PILOT-IN-COMMAND

C/ Juan Marquez)<=

FILED BY: Julian Ramón — ACCEPTED BY: — ADDITIONAL INFORMATION:

Hasta aquí has logrado completas diversos planes de vuelo ante diferentes situaciones simples y complejas. A continuación te dejaré algunos planes de vuelo vacíos para que sigas practicando.

U S Department of Transportation
Federal Aviation Administration

International Flight Plan

PRIORITY ADDRESSEE(S)

<=FF

<=

FILING TIME ORIGINATOR

<=

SPECIFIC IDENTIFICATION OF ADDRESSEE(S) AND / OR ORIGINATOR

3 MESSAGE TYPE 7 AIRCRAFT IDENTIFICATION 8 FLIGHT RULES TYPE OF FLIGHT

<=(FPL — — — <=

9 NUMBER TYPE OF AIRCRAFT WAKE TURBULENCE CAT. 10 EQUIPMENT

— / — / <=

13 DEPARTURE AERODROME TIME

— <=

15 CRUISING SPEED LEVEL ROUTE

—

<=

TOTAL EET

16 DESTINATION AERODROME HR MIN ALTN AERODROME 2ND ALTN AERODROME

<=

18 OTHER INFORMATION

—

<=

SUPPLEMENTARY INFORMATION (NOT TO BE TRANSMITTED IN FPL MESSAGES)

19 ENDURANCE EMERGENCY RADIO

HR MIN PERSONS ON BOARD UHF VHF ELBA

—E/ P/ R/

SURVIVAL EQUIPMENT JACKETS

POLAR DESERT MARITIME JUNGLE LIGHT FLUORES UHF VHF

/ /

DINGHIES

NUMBER CAPACITY COVER COLOR

D / <=

AIRCRAFT COLOR AND MARKINGS

A/

REMARKS

N / <=

PILOT-IN-COMMAND

C/)<=

FILED BY ACCEPTED BY ADDITIONAL INFORMATION

U S Department of Transportation
Federal Aviation Administration

International Flight Plan

PRIORITY
<=FF

ADDRESSEE(S)

<=

FILING TIME

ORIGINATOR

<=

SPECIFIC IDENTIFICATION OF ADDRESSEE(S) AND / OR ORIGINATOR

3 MESSAGE TYPE
<=(FPL

7 AIRCRAFT IDENTIFICATION
—

8 FLIGHT RULES
—

TYPE OF FLIGHT
—

<=

9 NUMBER
—

TYPE OF AIRCRAFT

WAKE TURBULENCE CAT.
/

10 EQUIPMENT
— /

<=

13 DEPARTURE AERODROME
—

TIME

<=

15 CRUISING SPEED
—

LEVEL

ROUTE

<=

TOTAL EET

16 DESTINATION AERODROME

HR MIN

ALTN AERODROME

2ND ALTN AERODROME

<=

18 OTHER INFORMATION
—

<=

SUPPLEMENTARY INFORMATION (NOT TO BE TRANSMITTED IN FPL MESSAGES)

19 ENDURANCE
HR MIN
—E/

PERSONS ON BOARD
P/

EMERGENCY RADIO
UHF VHF ELBA
R/

SURVIVAL EQUIPMENT
POLAR DESERT MARITIME JUNGLE
/

JACKETS
LIGHT FLUORES UHF VHF
/

DINGHIES
NUMBER CAPACITY COVER COLOR
D /

<=

AIRCRAFT COLOR AND MARKINGS
A/

REMARKS
N /

<=

PILOT-IN-COMMAND
C/

)<=

FILED BY	ACCEPTED BY	ADDITIONAL INFORMATION

U.S. Department of Transportation
Federal Aviation Administration

International Flight Plan

PRIORITY <=FF

ADDRESSEE(S) <=

FILING TIME

ORIGINATOR <=

SPECIFIC IDENTIFICATION OF ADDRESSEE(S) AND / OR ORIGINATOR

3 MESSAGE TYPE <=(FPL

7 AIRCRAFT IDENTIFICATION —

8 FLIGHT RULES —

TYPE OF FLIGHT — <=

9 NUMBER —

TYPE OF AIRCRAFT

WAKE TURBULENCE CAT. /

10 EQUIPMENT — / <=

13 DEPARTURE AERODROME —

TIME <=

15 CRUISING SPEED —

LEVEL

ROUTE

<=

16 DESTINATION AERODROME

TOTAL EET HR MIN

ALTN AERODROME

2ND ALTN AERODROME <=

18 OTHER INFORMATION —

<=

SUPPLEMENTARY INFORMATION (NOT TO BE TRANSMITTED IN FPL MESSAGES)

19 ENDURANCE HR MIN —E/

PERSONS ON BOARD P/

EMERGENCY RADIO UHF VHF ELBA R/

SURVIVAL EQUIPMENT / POLAR DESERT MARITIME JUNGLE

JACKETS / LIGHT FLUORES UHF VHF

DINGHIES NUMBER CAPACITY COVER COLOR D / <=

AIRCRAFT COLOR AND MARKINGS A/

REMARKS N / <=

PILOT-IN-COMMAND C/)<=

FILED BY

ACCEPTED BY

ADDITIONAL INFORMATION

U S Department of Transportation
Federal Aviation Administration

International Flight Plan

PRIORITY ADDRESSEE(S)

<=FF

<=

FILING TIME ORIGINATOR <=

SPECIFIC IDENTIFICATION OF ADDRESSEE(S) AND / OR ORIGINATOR

3 MESSAGE TYPE 7 AIRCRAFT IDENTIFICATION 8 FLIGHT RULES TYPE OF FLIGHT

<=(FPL — — — <=

9 NUMBER TYPE OF AIRCRAFT WAKE TURBULENCE CAT. 10 EQUIPMENT

— / — / <=

13 DEPARTURE AERODROME TIME

— <=

15 CRUISING SPEED LEVEL ROUTE

—

<=

TOTAL EET

16 DESTINATION AERODROME HR MIN ALTN AERODROME 2ND ALTN AERODROME

<=

18 OTHER INFORMATION

—

<=

SUPPLEMENTARY INFORMATION (NOT TO BE TRANSMITTED IN FPL MESSAGES)

19 ENDURANCE EMERGENCY RADIO

HR MIN PERSONS ON BOARD UHF VHF ELBA

—E/ P/ R/

SURVIVAL EQUIPMENT JACKETS

POLAR DESERT MARITIME JUNGLE LIGHT FLUORES UHF VHF

/ /

DINGHIES

NUMBER CAPACITY COVER COLOR

D / <=

AIRCRAFT COLOR AND MARKINGS

A/

REMARKS

N / <=

PILOT-IN-COMMAND

C/)<=

FILED BY ACCEPTED BY ADDITIONAL INFORMATION

U S Department of Transportation
Federal Aviation Administration

International Flight Plan

PRIORITY ADDRESSEE(S)

<=FF

<=

FILING TIME ORIGINATOR

<=

SPECIFIC IDENTIFICATION OF ADDRESSEE(S) AND / OR ORIGINATOR

3 MESSAGE TYPE — 7 AIRCRAFT IDENTIFICATION — 8 FLIGHT RULES — TYPE OF FLIGHT

<=(FPL — — — <=

9 NUMBER — TYPE OF AIRCRAFT — WAKE TURBULENCE CAT. — 10 EQUIPMENT

— / — / <=

13 DEPARTURE AERODROME — TIME

— <=

15 CRUISING SPEED — LEVEL — ROUTE

—

<=

16 DESTINATION AERODROME — TOTAL EET HR MIN — ALTN AERODROME — 2ND ALTN AERODROME

<=

18 OTHER INFORMATION

—

<=

SUPPLEMENTARY INFORMATION (NOT TO BE TRANSMITTED IN FPL MESSAGES)

19 ENDURANCE HR MIN — PERSONS ON BOARD — EMERGENCY RADIO UHF VHF ELBA

—E/ P/ R/

SURVIVAL EQUIPMENT POLAR DESERT MARITIME JUNGLE — JACKETS LIGHT FLUORES UHF VHF

/ /

DINGHIES

NUMBER CAPACITY COVER COLOR

D / <=

AIRCRAFT COLOR AND MARKINGS

A/

REMARKS

N / <=

PILOT-IN-COMMAND

C/)<=

FILED BY — ACCEPTED BY — ADDITIONAL INFORMATION

U S Department of Transportation
Federal Aviation Administration

International Flight Plan

PRIORITY <=FF

ADDRESSEE(S) <=

FILING TIME

ORIGINATOR <=

SPECIFIC IDENTIFICATION OF ADDRESSEE(S) AND / OR ORIGINATOR

3 MESSAGE TYPE <=(FPL

7 AIRCRAFT IDENTIFICATION —

8 FLIGHT RULES —

TYPE OF FLIGHT — <=

9 NUMBER —

TYPE OF AIRCRAFT

WAKE TURBULENCE CAT. /

10 EQUIPMENT — / <=

13 DEPARTURE AERODROME —

TIME <=

15 CRUISING SPEED —

LEVEL

ROUTE

<=

16 DESTINATION AERODROME

TOTAL EET HR MIN

ALTN AERODROME

2ND ALTN AERODROME <=

18 OTHER INFORMATION —

<=

SUPPLEMENTARY INFORMATION (NOT TO BE TRANSMITTED IN FPL MESSAGES)

19 ENDURANCE HR MIN —E/

PERSONS ON BOARD P/

EMERGENCY RADIO R/ UHF VHF ELBA

SURVIVAL EQUIPMENT / POLAR DESERT MARITIME JUNGLE

JACKETS / LIGHT FLUORES UHF VHF

DINGHIES

D / NUMBER CAPACITY COVER COLOR <=

A/ AIRCRAFT COLOR AND MARKINGS

N / REMARKS <=

C/ PILOT-IN-COMMAND)<=

FILED BY	ACCEPTED BY	ADDITIONAL INFORMATION

U S Department of Transportation
Federal Aviation Administration

International Flight Plan

PRIORITY
<=FF

ADDRESSEE(S)
<=

FILING TIME

ORIGINATOR
<=

SPECIFIC IDENTIFICATION OF ADDRESSEE(S) AND / OR ORIGINATOR

3 MESSAGE TYPE
<=(FPL

7 AIRCRAFT IDENTIFICATION
—

8 FLIGHT RULES
—

TYPE OF FLIGHT
— <=

9 NUMBER
—

TYPE OF AIRCRAFT

WAKE TURBULENCE CAT.
/

10 EQUIPMENT
— / <=

13 DEPARTURE AERODROME
—

TIME
<=

15 CRUISING SPEED
—

LEVEL

ROUTE

<=

16 DESTINATION AERODROME

TOTAL EET
HR MIN

ALTN AERODROME

2ND ALTN AERODROME
<=

18 OTHER INFORMATION
—

<=

SUPPLEMENTARY INFORMATION (NOT TO BE TRANSMITTED IN FPL MESSAGES)

19 ENDURANCE
HR MIN
—E/

PERSONS ON BOARD
P/

EMERGENCY RADIO
UHF VHF ELBA
R/

SURVIVAL EQUIPMENT
POLAR DESERT MARITIME JUNGLE
/

JACKETS
LIGHT FLUORES UHF VHF
/

DINGHIES
NUMBER CAPACITY COVER COLOR
D / <=

AIRCRAFT COLOR AND MARKINGS
A/

REMARKS
N / <=

PILOT-IN-COMMAND
C/)<=

FILED BY

ACCEPTED BY

ADDITIONAL INFORMATION

U S Department of Transportation
Federal Aviation Administration

International Flight Plan

PRIORITY ADDRESSEE(S)

<=FF

<=

FILING TIME ORIGINATOR

<=

SPECIFIC IDENTIFICATION OF ADDRESSEE(S) AND / OR ORIGINATOR

3 MESSAGE TYPE 7 AIRCRAFT IDENTIFICATION 8 FLIGHT RULES TYPE OF FLIGHT

<=(FPL — — — <=

9 NUMBER TYPE OF AIRCRAFT WAKE TURBULENCE CAT. 10 EQUIPMENT

— / — / <=

13 DEPARTURE AERODROME TIME

— <=

15 CRUISING SPEED LEVEL ROUTE

—

<=

TOTAL EET

16 DESTINATION AERODROME HR MIN ALTN AERODROME 2ND ALTN AERODROME

<=

18 OTHER INFORMATION

—

<=

SUPPLEMENTARY INFORMATION (NOT TO BE TRANSMITTED IN FPL MESSAGES)

19 ENDURANCE EMERGENCY RADIO

HR MIN PERSONS ON BOARD UHF VHF ELBA

—E/ P/ R/

SURVIVAL EQUIPMENT JACKETS

POLAR DESERT MARITIME JUNGLE LIGHT FLUORES UHF VHF

/ /

DINGHIES

NUMBER CAPACITY COVER COLOR

D / <=

AIRCRAFT COLOR AND MARKINGS

A/

REMARKS

N / <=

PILOT-IN-COMMAND

C/)<=

FILED BY ACCEPTED BY ADDITIONAL INFORMATION

Capítulo 4

Espacios Aéreos

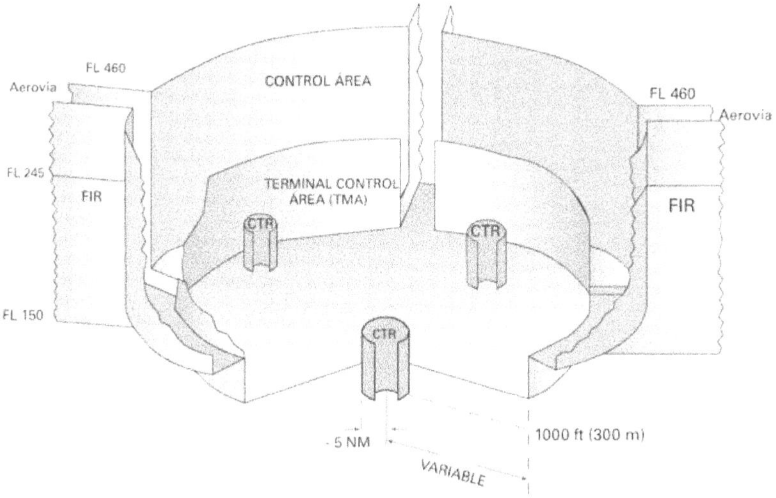

. Contenidos exclusivamente basados en los documentos de OACI y sus anexos, referentes a la reglamentación aeronáutica internacional.

Aviation Bookstore
aviation step by step

Espacios aéreos

Con el objeto de lograr facilitar las operaciones aéreas de diferentes aeronaves, y ante diferentes condiciones de vuelo, el espacio aéreo en general ha sido dividido en diferentes sectores, en función al servicio que brinda el control de tránsito aéreo y a la clase de vuelo que realice el piloto. Internacionalmente se reconocen las siguientes cuatro divisiones generales del espacio aéreo, pudiendo variar en función a lo que decida la autoridad aeronáutica de cada país.

En el primer caso, el espacio aéreo superior donde todas las aeronaves deben ser separadas por el control de tránsito aéreo, independientemente de las reglas de vuelo que esté operando la aeronave. Este espacio aéreo se conoce como PCA o "Positive Controlled Airspace". Este espacio aéreo comienza desde los 18.000 pies, o 19.500 pies en algunos países, en adelante y están prohibidas todas las operaciones bajo reglas de vuelo VFR (visual flight rules).

El segundo sector es conocido como espacio aéreo controlado, o Controlled Airspace. En este sector de vuelo, el control de tránsito debe brindar separación a las aeronaves que vuelen bajo reglas de vuelo IFR (instrumental flight rules), y si las condiciones meteorológicas lo permiten, serán aceptadas las operaciones bajo reglas de vuelo VFR y los pilotos serán los encargados de garantizar la correcta separación entre aeronaves.

La tercer división del espacio aéreo es conocida como espacio aéreo no controlado, o Uncontrolled Airspace. En este sector no se brinda el servicio de control de tránsito, y los pilotos deben garantizar la separación entre aeronaves por sus propios medios.

Por último, la cuarta división del espacio aéreo, conocido como espacio aéreo de uso especial, o Special Use Airspace. Un espacio aéreo restringido a operaciones militares gubernamentales, donde quedan excluidas todas las operaciones civiles. En algunos países, este espacio aéreo es un sector pasivo, es decir, que suele ser un espacio aéreo desactivado donde se permiten los vuelos en general, hasta tanto se active el sector por alguna operación en particular. En este caso, pasará a ser un espacio aéreo restringido.

Además de las normas y procedimientos establecidos anteriormente, se proporcionan requisitos de vuelo adicionales y servicios ATC dependiendo de la clasificación del espacio aéreo. La OACI dispone que todo el espacio aéreo ATS se clasificará y designará de conformidad con lo indicado a continuación:

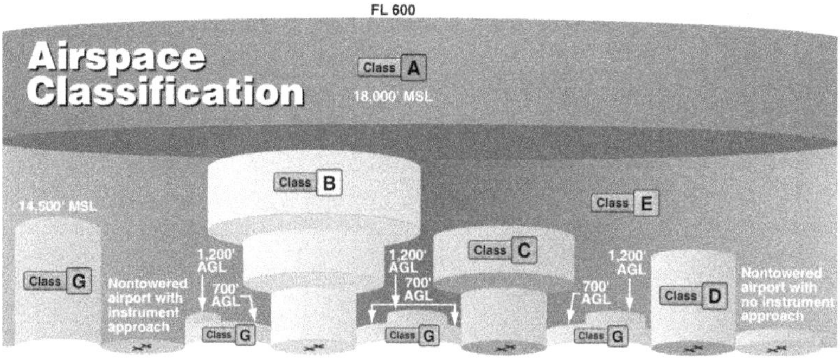

Clase A. Sólo se permiten vuelos IFR, se proporciona a todos los vuelos servicio de control de tránsito aéreo y están separados unos de otros.

Clase B. Se permiten vuelos IFR y VFR, se proporciona a todos los vuelos servicio de control de tránsito aéreo y están separados unos de otros.

Clase C. Se permiten vuelos IFR y VFR, se proporciona a todos los vuelos servicio de control de tránsito aéreo y los vuelos IFR están separados de otros vuelos IFR y de los vuelos VFR. Los vuelos VFR están separados de los vuelos IFR y reciben información de tránsito respecto a otros vuelos VFR.

Clase D. Se permiten vuelos IFR y VFR y se proporciona a todos los vuelos servicio de control de tránsito aéreo, los vuelos IFR están separados de otros vuelos IFR y reciben información de tránsito respecto a los vuelos VFR, los vuelos VFR reciben información de tránsito respecto a todos los otros vuelos.

Clase E. Se permiten vuelos IFR y VFR, se proporciona a los vuelos IFR servicio de control de tránsito aéreo y están separados de otros vuelos IFR. Todos los vuelos reciben información de tránsito en la medida de lo factible. La Clase E no se utilizará para zonas de control.

Clase F. Se permiten vuelos IFR y VFR, todos los vuelos IFR participantes reciben servicio de asesoramiento de tránsito aéreo y todos los vuelos reciben servicio de información de vuelo, si lo solicitan.

Clase G. Se permiten vuelos IFR y VFR y reciben servicio de información de vuelo, si lo solicitan.

Espacio aéreo RVSM

Imaginemos al cielo como una autopista o carretera donde continuamente transitan diferentes vehículos a diferentes velocidades y en diferentes direcciones. El trabajo del controlador aéreo es lograr ordenar a todos estos tránsitos no sólo en el plano o navegación horizontal sino también en el plano o navegación vertical, es decir, regulando y ordenando los ascensos y descensos.

Para lograr un orden en la navegación horizontal se establecen diferentes rumbos en un mismo nivel de vuelo o altitud a operar. El inconveniente mayor está en ordenar los tránsitos en su navegación vertical, sea en ascenso o descenso, ya que al hacer estos procedimientos van atravesando diferentes niveles de vuelos que podrían estar ocupados por otros tránsitos o aeronaves.

A fin de mantener la seguridad en las operaciones, los controladores aéreos asignan diferentes niveles de vuelo para cada aeronave para así poder lograr ordenarlos de manera segura, similar al orden de libros en una biblioteca.

Desde el nivel del mar hasta el nivel de vuelo FL290, es decir hasta los 29,000 FT, se exige una separación vertical de 1000FT entre aeronave y aeronave. Superando este nivel la precisión de los instrumentos de medición de altitud comienza a degradarse perdiendo la exactitud con la que trabajaban a bajas altitudes, por esta razón, a partir del nivel de vuelo FL290, la separación vertical mínima pasa a ser de 2000FT entre aeronave y aeronave.

Esta normativa de seguridad fue reemplazada cuando se crearon los espacios **RVSM** *(Reduced Vertical Separation Minimum)*. Esta nueva regulación permite que la separación vertical entre aeronaves sea de 1000 FT entre los niveles de vuelo FL290 y FL410, logrando de esta manera, una mayor cantidad de aerovías o corredores aéreos que la normativa anterior.

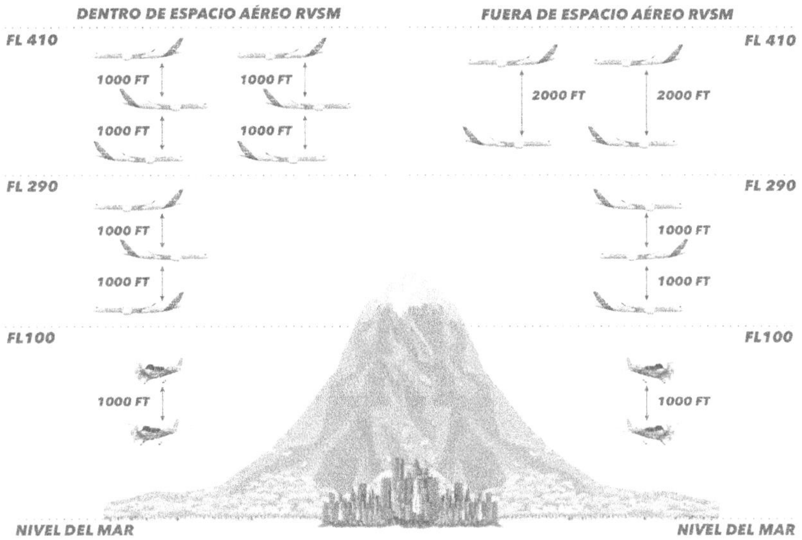

Estas operaciones de separación vertical reducida sólo están aprobadas para aeronaves con una certificación especial que requiere un sistema de altímetros específicos para este fin y la habilitación correspondiente de la autoridad aeronáutica del país de origen. Las aeronaves que no cuenten con esta habilitación, no podrán transitar por espacios aéreos RVSM viéndose obligados a volar sobre la normativa anterior que implica una separación vertical mínima de 2000 FT. Los espacios aéreos RVSM suelen estar declarados en la cartografía aeronáutica, tal como se muestra en la imagen siguiente.

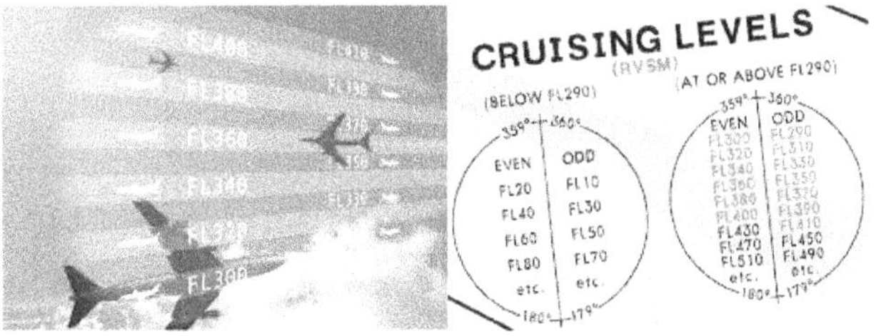

Adicionalmente a la clasificación mencionada, los espacios aéreos ofrecen diferentes sectores, y cada uno de ellos limita las operaciones y el tipo de servicio que brindan.

FIR (Flight Information Region)

Para facilitar los servicios de tránsito aéreo, cada país realiza una división primaria de su espacio aéreo en Regiones de Información de Vuelo o FIR, según lo que dictamina la OACI. Dentro de cada una de estas regiones se brinda el servicio de información de vuelo y alerta. Estos espacios aéreos poseen una división vertical que se extiende desde la superficie hasta el nivel de vuelo 245 llamada FIR inferior, y una segunda división vertical desde el nivel de vuelo 245 hacia arriba sin límites, llamada FIR superior. Tomando como ejemplo la división geográfica de las FIR en Argentina, el país está dividido en 5 regiones de informacion de vuelo (FIR).

Fuente EANA Argentina.

Tomando otro ejemplo, Italia divide su espacio aéreo en cuatro FIR o FIC (flight information center). Cada una de estas regiones de información de vuelo, brindan todos los servicios de asistencia al vuelo dentro de un sector delimitado geográficamente, cubriendo la totalidad del país, y zonas cercanas.

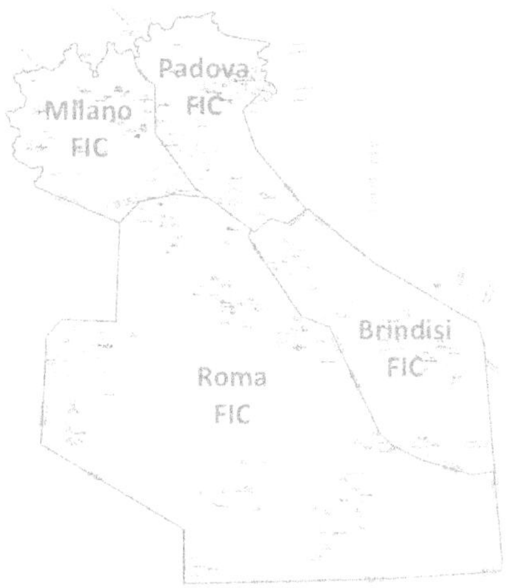

CTA (Control Area)

Las Áreas de Control son espacios aéreos controlados que se extienden hacia arriba desde un límite determinado sobre la superficie terrestre. Se dividen en dos clases, el área de control terminal y las aerovías.

Áreas de Control Terminal (TMA): Generalmente ubicadas en la confluencia de aerovías, en las inmediaciones de uno o más aeródromos principales. Colaboran a administrar y controlar las áreas de alta densidad de tránsito.

Aerovías (AWY): se clasifican como áreas de control diseñadas en forma de rutas, basadas en radioayudas y sistemas de ayuda a la navegación aérea.

CTR (Zona de Control)

Las Zonas de Control (CTR) son espacios aéreos controlados que se extienden desde el nivel del terreno hasta un nivel determinado y que pueden incluir uno o más aeródromos. Las CTR están diseñadas para administrar y controlar las trayectorias de los vuelos que llegan y parten de los aeródromos.

ATZ (Aeródromos controlados y no controlados)

Los aeródromos o ATZ se clasifican en función al servicio que brinda. Los aeródromos controlados ofrecen un servicio de asistencia al vuelo, mientras que los aeródromos no controlados, no ofrecen ningún servicio (aeroclubes remotos, pistas privadas).

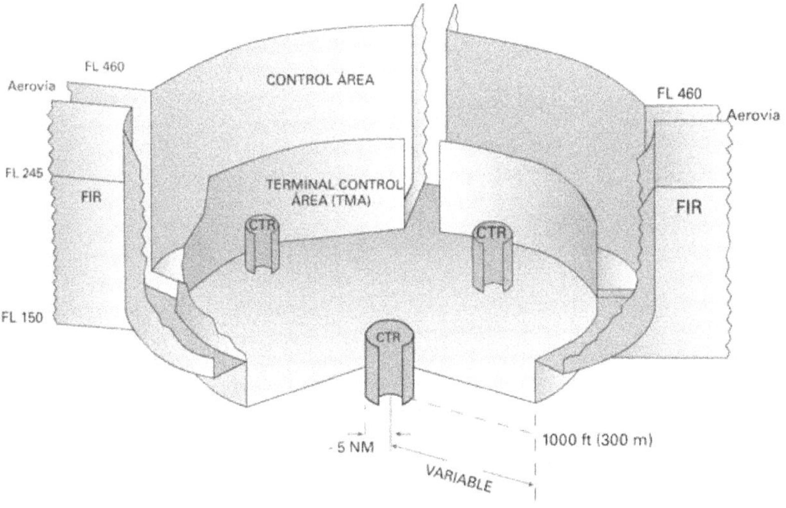

Servicio de Tránsito Aéreo

Expresión genérica que se aplica, según el caso, a los servicios de información de vuelo, alerta, asesoramiento de tránsito aéreo, control de tránsito aéreo (servicios de control de área, control de aproximación o control de aeródromo). Entre diversos objetivos, el servicio de tránsito aéreo busca enfatizar sobre los siguientes ítems:

- Prevenir colisiones entre aeronaves en vuelo.
- Prevenir colisiones entre aeronaves y entre éstas y los obstáculos en el área de maniobras.
- Despachar y mantener ordenadamente la afluencia del tránsito aéreo.
- Dar asesoramiento e información útil para la marcha segura y eficaz de los vuelos.

• Notificar a los organismos pertinentes respecto a las aeronaves que necesitan ayuda de búsqueda y salvamento, y auxiliar a dichas organizaciones según convenga.

Los servicios de tránsito aéreo comprenden tres servicios con las siguientes denominaciones.

1) El servicio de control de tránsito aéreo: *e*ste servicio se divide en las tres partes siguientes:

a) Servicio de control de área: el suministro del servicio de control de tránsito aéreo para vuelos controlados.

b) Servicio de control de aproximación: el suministro del servicio de control de tránsito aéreo para aquellas partes de los vuelos controlados relacionadas con la llegada o la salida.

c) Servicio de control de aeródromo: el suministro del servicio de control de tránsito aéreo para el tránsito de aeródromo.

2) El servicio de información de vuelo: aplicable a todos los vuelos dentro de un espacio aéreo controlado.

3) El servicio de alerta: aplicable a todos los vuelos dentro y fuera de espacios aéreos controlados

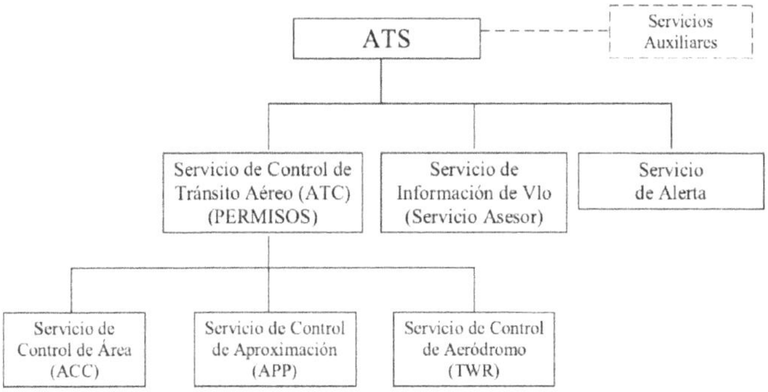

Reglas de vuelo

En los comienzos de la aviación era necesario observar las referencias del terreno para realizar la navegación (navegación visual), hecho por el cual, cuando la meteorología era adversa, no se podía realizar ningún vuelo. La necesidad de conseguir una regularidad en las operaciones aéreas hizo que se desarrollasen los medios técnicos y operacionales de la navegación, llegándose a definir lo que hoy se conoce como operaciones bajo reglas de vuelos VFR e IFR.

Cuando un piloto vuela en VFR observa el paisaje que le rodea para orientarse y saber dónde está. Esto es lo que hacían los primeros pilotos forzosamente y también es lo que hacen los pilotos actuales que empiezan a volar, tomando referencia elementos del paisaje para crear la ruta. Es evidente que para volar con VFR es necesario disponer de una visibilidad adecuada. Nadie puede orientarse de ese modo si la niebla no permite ver más allá de unos pocos kilómetros, o si una capa de nubes a tan solo 1000 pies (300 m) de altura cubre por completo el terreno. Por eso existen las reglas IFR, y aplican tanto en lo que se refiere a despegues, navegación en ruta, aproximación y aterrizajes.

El vuelo IFR se realiza con asistencia de medios radioeléctricos ubicados en tierra y en el avión, comunicados entre ellos por ondas de radio, guiando el vuelo desde el despegue hasta el aterrizaje. Al utilizarse ondas de radio, no se depende tanto de la visión del entorno del avión o de las referencias visuales, lo que permite volar de noche, a grandes altitudes o en condiciones de visibilidad reducida.

VFR (Visual Flight Rules): Las reglas de vuelo visual son el conjunto de normas y procedimientos contenidas en el reglamento de circulación aérea que establecen las condiciones necesarias para que el piloto pueda dirigir su aeronave, navegar y mantener la separación de seguridad con cualquier obstáculo con la única ayuda de la observación visual. Bajo reglas de vuelo VFR, el piloto dirige su aeronave manteniendo en todo momento contacto visual con el terreno, aunque le está permitido utilizar los instrumentos de vuelo a bordo como ayuda suplementaria.

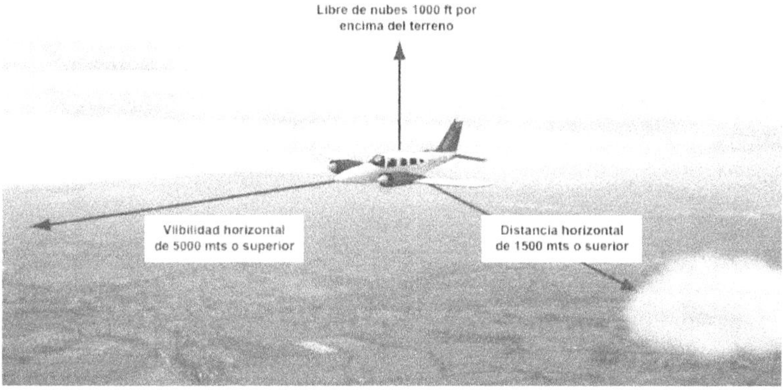

IFR (Instrumental Flight Rules): Las reglas de vuelo instrumental son el conjunto de normas y procedimientos recogidos en el reglamento de circulación aérea que regulan el vuelo de aeronaves basado en el uso de instrumentos para la navegación, lo cual implica que no es necesario tener contacto visual con el terreno, como ocurre en las reglas de vuelo VFR.

El controlador aéreo debe tener en cuenta que las reglas de vuelo están determinadas por diversos factores, como ser: la decisión del piloto para realizar un determinado vuelo, el tipo de vuelo a realizar y las condiciones meteorológicas al momento de realizar el vuelo.

Condiciones meteorológicas de vuelo visual (VMC)

Los vuelos VFR necesitan observar el exterior para poder navegar y evitar los obstáculos o a otras aeronaves. Esta necesidad solo puede ser cubierta cuando las condiciones meteorológicas lo permiten. A estos efectos se han definido unos parámetros que sirven para determinar cuándo es factible realizar un vuelo VFR. Cuando la meteorología existente permite garantizar los mínimos de separación a las nubes y de visibilidad se dice que existen Condiciones Meteorológicas Visuales (siglas en inglés: VMC).

Solo se puede volar bajo las reglas VFR cuando las condiciones meteorológicas son buenas alrededor de la aeronave de forma que existe buena visibilidad hacia la tierra y hacia otras aeronaves. Por lo tanto, para volar con VFR las condiciones meteorológicas tienen que ser VMC, o dicho de otro modo, no se puede volar con VFR en IMC. Al contrario de las reglas VFR, las IFR se utilizan cuando la visibilidad o la nubosidad caen por debajo de las condiciones meteorológicas prescritas para VFR.

Condiciones meteorológicas de vuelo instrumental (IMC)

Una ventaja del vuelo instrumental es la capacidad de volar en Condiciones Meteorológicas Instrumentales (siglas en inglés: IMC), esto es, aquellas condiciones que no permiten el vuelo visual. En estas condiciones, el piloto controla su avión atendiendo a la lectura de los instrumentos de vuelo, y confía al controlador su separación respecto de otras aeronaves o el terreno, a pesar de que la mayoría de los aviones comerciales y cada vez más aeronaves ligeras incorporan sus propios sistemas de alarma de proximidad al terreno (GPWS: —Ground Proximity Warning System‖) y de colisión con otras aeronaves (TCAS: —Traffic Collision Avoidance System‖).

Required Navigation Performance RNP

RNP (Required Navigation Performance) es una representación numérica de la precisión de navegación requerida dentro del espacio aéreo de un Estado, y se prescribe en función de acuerdos regionales de navegación aérea (RANs, por sus siglas en inglés).

Se basa en un factor de contención del 95%, lo que implica que una aeronave estará dentro del RNP requerido durante un período no inferior al 95% del tiempo que la aeronave esté dentro del espacio aéreo en cuestión. Alternativamente, se puede entender que no menos del 95% de las aeronaves que vuelan en un determinado espacio aéreo se navegarán dentro del factor de RNP establecido. El Estado es responsable de especificar el valor de RNP para su espacio aéreo.

El factor de RNP se relaciona con la precisión de navegación en términos de la posición trazada de la aeronave en millas náuticas. Por ejemplo, RNP4 implica que la aeronave estará dentro de las 4 millas náuticas de la posición trazada durante el 95% del tiempo que la aeronave esté dentro del espacio aéreo en cuestión. Los factores de RNP aplicables son: RNP1, RNP4, RNP10, RNP12.6, RNP20. Todo el espacio aéreo de ATS está clasificado por RNP. Cuando se utiliza VOR/DME para las vías aéreas o navegación RNAV, el RNP especificado es RNP5.

Sin embargo, dentro de la clasificación de RNP, RNP5 no existe. Se preveía que el VOR/DME dejaría de utilizarse para la navegación RNAV para el año 2005 y sería reemplazado por sistemas más precisos que ofrecieran al menos RNP4. Esto no ha resultado ser el caso y el VOR/DME con RNP5 continuará en un futuro previsible. El uso de radar permite RNP1, mientras que el GPS teóricamente ofrece un valor relativo de RNP0.3. El valor de RNP12.6 se deriva de la precisión histórica de múltiples IRS utilizados para la navegación transatlántica.

Un buen ejemplo de cómo se utiliza el RNP es el espaciado de las rutas NAT en el MNPSA de las regiones oceánicas del Atlántico Norte. El espacio aéreo se clasifica como RNP20, por lo tanto, las aeronaves que vuelen en estas rutas deberán estar dentro de los 20 millas náuticas (NM) de la posición trazada durante al menos el 95% del tiempo de vuelo. Esto significa que el espacio aéreo reservado para una ruta NAT debe ser de 20 NM a cada lado de la ruta especificada. El margen de seguridad adicional será igual al RNP, por lo que el espaciado de las rutas será de 20 + 20 + 20 = 60 NM.

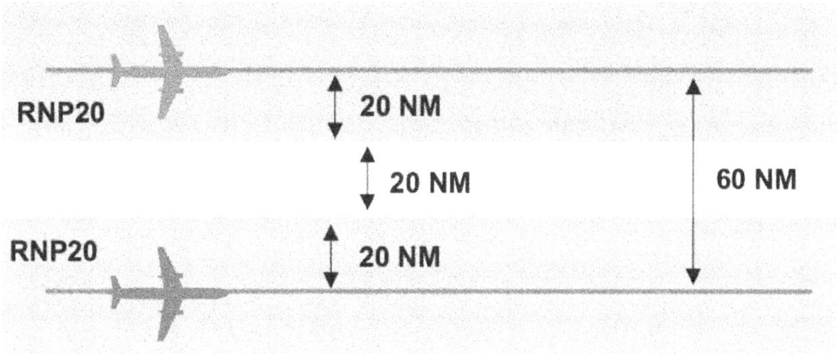

Aerovías y rutas

Los corredores que conectan las CTAs se llaman airways. Estos han evolucionado a través de un proceso de demanda, al igual que la estructura de carreteras en el Reino Unido. Las airways llevan el tráfico en ruta y, por lo tanto, están principalmente preocupadas por el tráfico en crucero en lugar del tráfico en maniobras. El problema de ATC es relativamente simple e implica separar el tráfico que se dirige en direcciones opuestas y asignar niveles de vuelo (FL) al tráfico que se dirige en la misma dirección.

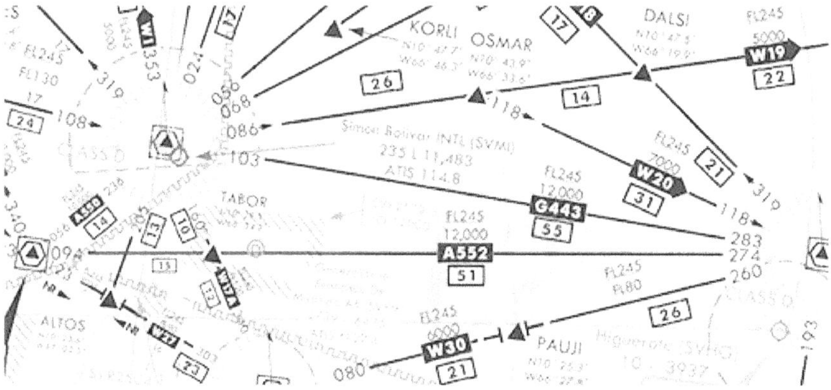

Si bien el límite superior de una airway puede definirse como el límite inferior del UIR, el límite inferior estará dictado por restricciones de espacio aéreo, consideraciones de evitación de terreno y las necesidades de otros usuarios del espacio aéreo (por ejemplo, militares).

Históricamente, las airways (aerovías) cumplían la función de vincular las CTAs con el CAS, pero en el entorno moderno de aumento de la densidad del tráfico, las airways crean tantos problemas como solucionan. Crean puntos de estrangulamiento, reducen la flexibilidad, generan retrasos, aumentan los tiempos de tránsito y reducen la eficiencia del combustible. Con el uso de aviones más pequeños y muchos aeropuertos regionales, el uso de airways está disminuyendo y una cantidad considerable de tráfico ahora vuela fuera de la ruta utilizando instalaciones de radar militar. Bajo la política de "cielos abiertos" y la filosofía de operaciones "de puerta a puerta" promovida mayormente en Europa, el uso de airways seguirá disminuyendo, efectivamente convirtiendo todo el espacio aéreo por encima de aproximadamente 6000 pies en CAS.

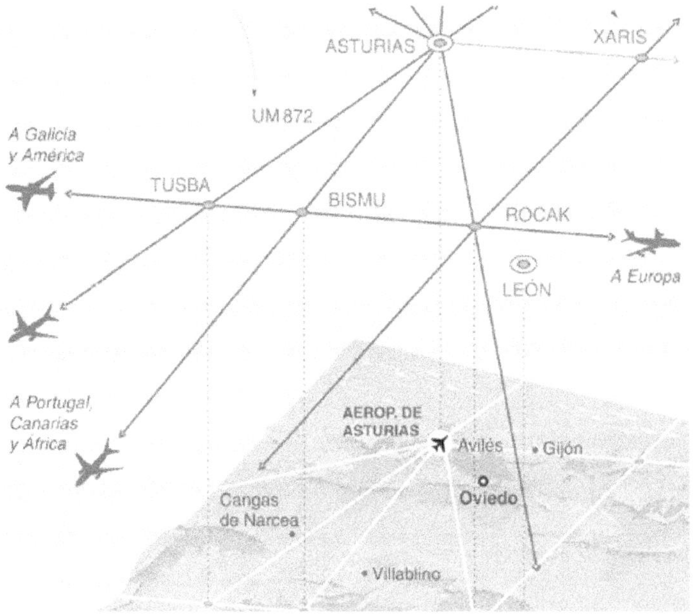

Históricamente, las airways eran rutas de "salto de baliza" (de VOR a VOR). Durante las décadas de 1970 y 1980, se hicieron avances en las técnicas de navegación de área (RNAV) y se establecieron airways RNAV utilizando puntos de referencia basados en información de VOR/DME. Si bien aún existen rutas de "salto de baliza" (rutas no RNAV), casi todas las airways introducidas en la última parte del siglo XX eran rutas RNAV.

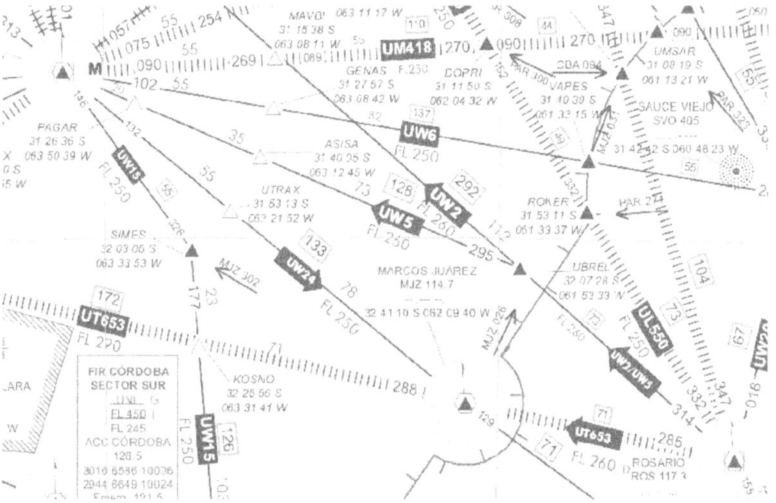

Las rutas también se clasifican como regionales (rutas que existen entre estados en una región de la OACI) o no regionales (rutas que no se extienden más allá de las fronteras de un estado). Las opciones, por lo tanto, son las siguientes:

- Rutas regionales no RNAV
- Rutas regionales RNAV
- Rutas no regionales no RNAV
- Rutas no regionales RNAV

Otras rutas

Otras rutas de ATS también incluyen SIDs (Salidas Instrumentales Estándar), STARs (Llegadas Estándar) y rutas de helicópteros de bajo nivel. Todas estas rutas reciben designadores específicos que se pueden utilizar en las comunicaciones de ATC y en los planes de vuelo.

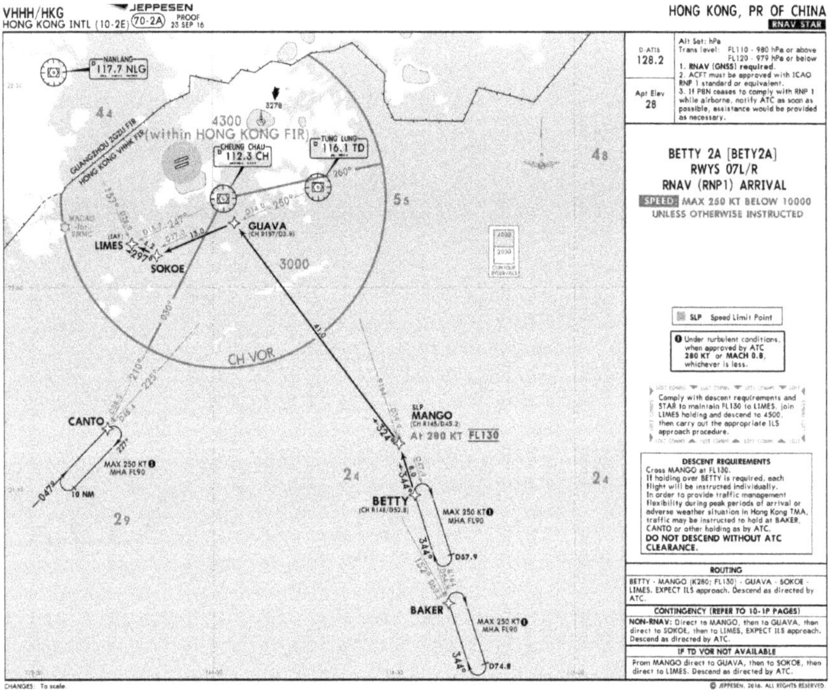

Designadores de rutas

Las airways reciben un "designador" que define el tipo de airway, le asigna un número único y proporciona información adicional sobre el tipo de ruta. El designador de ruta específico indica qué tipo de ruta está definida y, además, un número único (1-999).

Se puede agregar un prefijo de la siguiente lista:

U= Ruta aérea superior

S= Ruta de transporte supersónico

K= Ruta de baja altitud para helicópteros

Además, se pueden aplicar sufijos de la lista:

- F= Ruta de asesoramiento (espacio aéreo Clase F)
- G= Ruta de servicio de información de vuelo (espacio aéreo Clase G)
- Y= Ruta RNP1 a partir de FL200 donde los giros entre 30° y 90° se deben realizar dentro de la tolerancia RNP permitida de un arco tangencial definido por un radio de 22.5 NM.
- Z= Ruta RNP1 hasta FL190 donde los giros entre 30° y 90° se deben realizar dentro de la tolerancia RNP permitida de un arco tangencial definido por un radio de 15 NM.

Capítulo 5

Regulaciones Aeronáuticas

Aviation Bookstore
aviation step by step

. Contenidos exclusivamente basados en los documentos de OACI y sus anexos, referentes a la reglamentación aeronáutica internacional.

Aviation Bookstore
aviation step by step

Introducción

En este capítulo final estudiaremos brevemente los principales conceptos regulatorios que podrían afectar al buen entendimiento de la confección de un formulario de plan de vuelo. Es importante mencionar que todos los conceptos regulatorios están basados en los contenidos de los diferentes manuales de la organización de aviación civil internacional (OACI), pero aquí las autoridades aeronáuticas de cada país podrían modificar las regulaciones según lo crean conveniente y en post a la seguridad de las operaciones aéreas.

VFR e IFR

Un piloto puede optar por volar de acuerdo con las Reglas de Vuelo por Instrumentos en condiciones meteorológicas visuales (VMC) (puede ser requerido hacerlo así por la Autoridad de Servicios de Tránsito Aéreo en ciertas circunstancias). Un piloto debe volar de acuerdo con las reglas de vuelo por instrumentos (IFR) en condiciones meteorológicas instrumentales (IMC). Si un piloto elige volar según las reglas de vuelo visual (VFR), debe hacerlo solo cuando existan condiciones meteorológicas visuales adecuadas (VMC).

VMC visual meteorological conditions

Condiciones Meteorológicas Visuales. Para volar bajo las reglas de vuelo visual (VFR), deben existir condiciones meteorológicas visuales adecuadas (VMC). Esto se define por la altitud (o Nivel de Vuelo), la visibilidad de vuelo (la visibilidad hacia adelante desde la cabina de vuelo de una aeronave en vuelo) y la distancia (horizontal y vertical) respecto a las nubes, según las clases de espacio aéreo correspondientes. Las clases de espacio aéreo especifican qué reglas están permitidas y qué tipo de control (si lo hay) es aplicado por el Servicio de Tránsito Aéreo. Es imperativo que conozcas las condiciones meteorológicas visuales adecuadas (VMC).

Criterios de VMC para las Clases A, B, C, D y E del espacio aéreo. A una altitud igual o superior a 10,000 pies (FL100), el requisito de visibilidad de vuelo es de 8 km con una separación vertical de 300 m (1000 pies) y una separación horizontal de 1500 m respecto a las nubes. Por debajo de los 10,000 pies (FL100), el requisito de visibilidad de vuelo se reduce a 5 km.

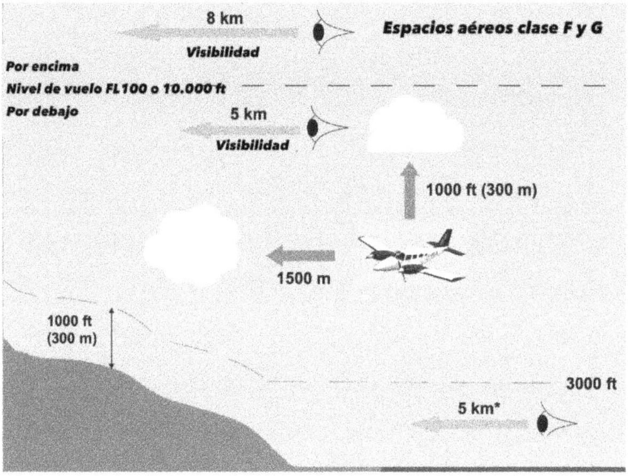

Criterios de VMC para las Clases F y G del espacio aéreo. A una altitud igual o superior a 10,000 pies (FL100), el requisito de visibilidad de vuelo es de 8 km con una separación vertical de 300 m (1000 pies) y una separación horizontal de 1500 m respecto a las nubes. Por debajo de los 10,000 pies (FL100), pero por encima de los 3000 pies, el requisito de visibilidad de vuelo se reduce a 5 km. Por debajo de los 3000 pies sobre el nivel medio del mar (AMSL) y dentro de 1000 pies de la superficie (donde la elevación de la superficie está por encima de los 3000 pies), el requisito de visibilidad de vuelo sigue siendo de 5 km, pero existirían condiciones meteorológicas visuales adecuadas (VMC) si la aeronave estuviera libre de nubes y dentro del alcance visual de la superficie.

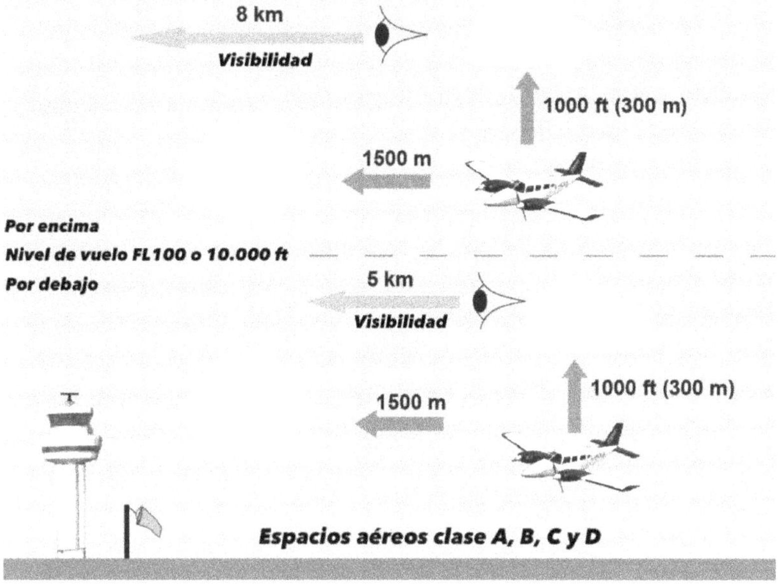

Piloto al mando

Existen diversas figuras que se basan en el piloto al mando de la aeronave. Aquí las mas habituales:

Comandante: Un piloto designado entre la tripulación de vuelo que está cualificado como piloto al mando y que puede delegar la conducción del vuelo a otro piloto cualificado.

Piloto al mando (PIC): Un piloto que es responsable de la operación y seguridad del avión durante el tiempo de vuelo.

Piloto que Vuela (PF): El piloto que, en ese momento, está a cargo de los controles del avión.

Piloto que No Vuela (PNF): El piloto que está asistiendo al piloto que vuela de acuerdo con el concepto de cooperación de la tripulación múltiple, cuando se requiere más de una tripulación de vuelo.

Responsabilidades del piloto al mando

Antes de comenzar un vuelo, el piloto al mando debe familiarizarse con toda la información pertinente a la operación prevista. La acción previa al vuelo para vuelos lejos de un aeródromo y para todos los vuelos IFR debe incluir un estudio cuidadoso de los informes y pronósticos meteorológicos actuales disponibles, teniendo en cuenta los requisitos de combustible y una ruta alternativa de acción si el vuelo no se puede completar según lo planeado. El comandante de una aeronave tiene la autoridad final sobre la disposición de la aeronave mientras esté al mando.

Ninguna persona debe pilotar una aeronave ni actuar como miembro de la tripulación de vuelo de una aeronave bajo la influencia de bebidas alcohólicas, narcóticos o drogas que afecten su capacidad para actuar. La OACI no establece restricciones ni niveles máximos de alcohol en sangre para la tripulación aérea. Sin embargo, el JAR OPS-1 sí lo hace. A la tripulación aérea no se le permite ejercer los privilegios de sus licencias con un nivel de alcohol en sangre superior a 0,2 (20 mg/100 ml). La OACI establece claramente que ninguna persona puede actuar como tripulación aérea si está bajo el efecto de alguna sustancia psicotrópica. Como pilotos profesionales, se espera que se comporten de manera responsable y acorde con la responsabilidad que tienen en cuanto a la seguridad de los pasajeros a su cargo. Esta es una tarea ardua que, si se abusa de ella, resultará en la aplicación plena de la ley si se determina que han sido negligentes en esa responsabilidad.

Reglas generales

Con el objeto de unificar conceptos, evitar confusiones y evacuar cualquier tipo de dudas sobre la terminología aeronáutica, la OACI ha establecido las siguientes definiciones como generales:

Alturas Mínimas

Excepto cuando sea necesario para despegue o aterrizaje, o salvo con el permiso de la autoridad correspondiente, las aeronaves no deben volar sobre áreas congestionadas de ciudades, pueblos o asentamientos, ni sobre concentraciones al aire libre de personas, a menos que se mantengan a una altura que permita, en caso de surgir una emergencia, realizar un aterrizaje sin poner en peligro a las personas o propiedades en la superficie. No se mencionan alturas específicas y esta regla no debe confundirse con las reglas de alturas mínimas para vuelos IFR o VFR.

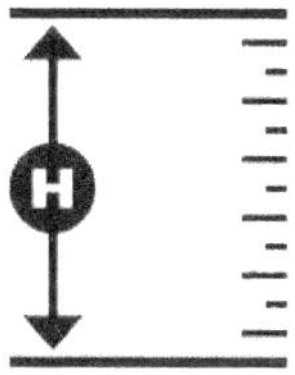

Niveles de crucero

Para vuelos en o por encima del nivel de vuelo utilizable más bajo o, cuando corresponda, por encima de la altitud de transición, los vuelos se llevarán a cabo en términos de niveles de vuelo. Para vuelos por debajo del nivel de vuelo utilizable más bajo o, cuando corresponda, en o por debajo de la altitud de transición, los vuelos se llevarán a cabo en términos de altitud.

Proximidad y derecho de paso

Una aeronave no debe operarse en una proximidad tal con otras aeronaves que genere un riesgo de colisión. La aeronave que tiene el derecho de paso debe mantener su rumbo y velocidad, pero el piloto al mando (PIC) sigue siendo responsable de evitar colisiones (incluidas las alertas del ACAS). Las aeronaves que están obligadas a ceder el paso deben hacerlo y evitar pasar por encima, por debajo o delante de la otra a menos que estén claramente separadas, y deben tener en cuenta el efecto de la turbulencia de estela.

Aproximación de frente

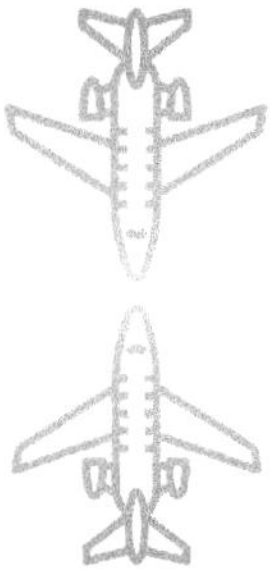

Cuando dos aeronaves se están aproximando en dirección opuesta y existe peligro de colisión, cada una debe cambiar de rumbo hacia la derecha. Ninguna tiene derecho de paso.

Convergencia

Cuando dos aeronaves del mismo tipo se están aproximando y están a aproximadamente el mismo nivel, la aeronave que tiene a la otra a su derecha debe ceder el paso. Para evitar volar sobre, por debajo o adelante de la otra aeronave, la aeronave que está obligada a ceder el paso debe pasar por detrás de la otra aeronave. Para lograr esto, la aeronave que cede el paso debe girar a la derecha. Cuando las dos aeronaves no son del mismo tipo, se aplicará el siguiente orden de prioridad, y nuevamente, el método de ceder el paso es girar a la derecha:

- Las aeronaves propulsadas más pesadas que el aire (aviones) deben ceder el paso a dirigibles, planeadores y globos

- Las aeronaves propulsadas más ligeras que el aire (dirigibles) deben ceder el paso a planeadores y globos

- Los planeadores deben ceder el paso a los globos

- Las aeronaves propulsadas deben ceder el paso a las aeronaves que se ve que están remolcando otras aeronaves u objetos.

Adelantamiento

Una aeronave que adelanta es aquella que se acerca a otra desde atrás en una línea que forma un ángulo menor de 70° con el plano de simetría de esta última (por la noche, la aeronave que se acerca vería la luz de posición trasera blanca de la aeronave que va adelante). Un avión que está siendo adelantado tiene el derecho de paso y la aeronave que adelanta, ya sea ascendiendo, descendiendo o en vuelo horizontal, debe apartarse de la otra aeronave alterando su rumbo hacia la derecha y mantener esta posición en relación con la otra aeronave hasta estar bien separados.

Aterrizaje

Una aeronave en vuelo o que opera en tierra (o agua) debe ceder el paso a las aeronaves que están aterrizando o en las etapas finales de aproximación para aterrizar (ver definición). Cuando dos o más aeronaves más pesadas que el aire se están aproximando a un aeródromo para aterrizar, la aeronave a un nivel más alto debe ceder el paso a la aeronave a un nivel más bajo, pero la aeronave a un nivel más bajo no debe aprovecharse de esta regla para "introducirse" delante de otra aeronave. En cualquier caso, las aeronaves propulsadas más pesadas que el aire deben ceder el paso a los planeadores.

Aterrizaje de emergencia

Una aeronave que tiene conocimiento de que otra aeronave está en una emergencia y se ve obligada a aterrizar debe ceder el paso a esa aeronave.

Despegue

Una aeronave que rueda por el área de maniobras debe ceder el paso a las aeronaves que están despegando o a punto de despegar.

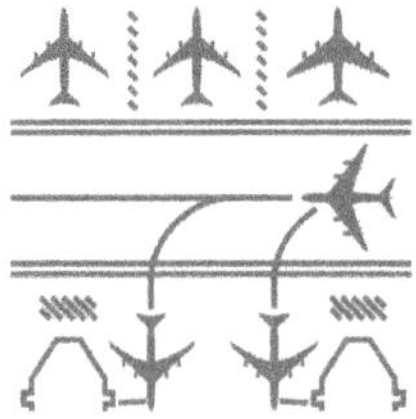

En caso de peligro de colisión entre dos aeronaves que ruedan por el área de movimiento (ver definición) de un aeródromo, se aplicará lo siguiente:

- Aproximación frontal: Ambas aeronaves deben detenerse o, cuando sea posible, alterar su curso hacia la derecha para mantenerse bien separadas.

- Convergencia: Aquella aeronave que tiene a la otra a su derecha debe ceder el paso. (Detenerse o girar para pasar por detrás).

- Adelantamiento: La aeronave que está siendo adelantada tiene el derecho de paso. La aeronave que adelanta debe mantenerse bien separada de la otra aeronave.

El anexo 2 de ICAO establece que cualquier vehículo que opera regularmente en el área de maniobras de un aeródromo debe estar en contacto de radio bidireccional con el ATC. Adicionalmente requiere que todos los vehículos y aeronaves que se desplacen en el área de maniobras cedan el paso a los vehículos que remolcan aeronaves.

Reglas de vuelo visual (VFR visual flight rules)

Condiciones Meteorológicas Visuales (VMC): Con excepción del VFR especial (SVFR, ver párrafo 6.77), el VFR solo está permitido en condiciones VMC. Si un vuelo se realiza bajo VFR y las condiciones meteorológicas empeoran al punto de hacer imposible continuar en VMC, el piloto debe tomar una de las siguientes acciones:

• Aterrizar mientras pueda mantener el vuelo en VMC.

• Cambiar la ruta del vuelo para mantener el vuelo en VMC.

• Presentar un plan de vuelo IFR y continuar bajo IFR.

• Si se encuentra dentro de un CTR, solicitar una autorización de vuelo SVFR.

Despegues y aterrizajes

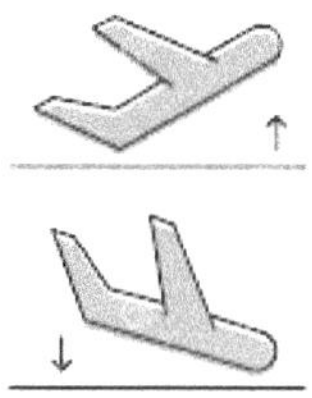

A menos que esté autorizado por el ATC, los vuelos VFR no deben despegar o aterrizar en un aeródromo dentro de una CTR, ni ingresar a la Zona de Tránsito del Aeródromo (ATZ) o al circuito de tráfico, en las siguientes condiciones:

• Cuando el techo de nubes (ver definición) sea inferior a 450 m (1500 ft).

• Cuando la visibilidad en tierra (ver definición) sea inferior a 5 km.

Prohibición de vuelos VFR

Entre el atardecer y el amanecer, o durante cualquier otro período que pueda ser especificado por la autoridad de ATS, los vuelos VFR deben operarse de acuerdo con las condiciones requeridas por dicha autoridad.

Los vuelos VFR requieren autorización del ATC para operar:

• Por encima de FL200.

• A velocidades transónicas o supersónicas.

Los vuelos VFR no están permitidos por encima de FL285 cuando se aplica el RVSM.

Excepto al despegar y aterrizar (o cuando esté especialmente aprobado por la autoridad, por ejemplo, exhibiciones aéreas, etc.), no se permite el vuelo VFR en:

- Áreas congestionadas de ciudades, pueblos o asentamientos, o sobre una reunión de personas al aire libre, a una altura inferior a 300 m (1000 ft) por encima del obstáculo más alto en un radio de 600 m alrededor de la aeronave.
- A una altura no menor de 150 m (500 ft) sobre la superficie (tierra o agua).

Niveles de vuelo VFR

En vuelo de crucero en nivel por encima de la altitud de transición (normalmente 3000 ft sobre el nivel del terreno), el vuelo VFR debe llevarse a cabo a un nivel de vuelo VFR adecuado a la derrota magnética de la aeronave, de acuerdo con la regla semicircular definida en el párrafo 6.74. Cuando se opera como un vuelo VFR controlado dentro del espacio aéreo controlado (CAS), el nivel de vuelo o la altitud serán especificados por el ATC en el permiso del ATC para ese vuelo. Los vuelos VFR deben cumplir con las instrucciones del ATC en los siguientes casos:

• Cuando operan en el espacio aéreo de clase B, C o D (en clase A, no se permite el vuelo VFR).

• Cuando forman parte del tráfico de aeródromo en aeródromos controlados.

• Cuando operan como vuelos VFR especiales.

Reglas de vuelo instrumental (IFR instrument flight rules)

IFR (Instrument Flight Rules). Para que una aeronave sea operada en condiciones meteorológicas instrumentales (IMC, que existen cuando no hay condiciones meteorológicas visuales - VMC), se aplican las siguientes reglas. Estas reglas son conocidas colectivamente como las reglas de vuelo instrumental (IFR). El Anexo 1 (Licencias del Personal - 2.1.7) establece que cuando se emite una licencia por un Estado contratante, no se permitirá al titular actuar como piloto al mando o copiloto de una aeronave bajo IFR a menos que también posea una habilitación instrumental (IR) válida y apropiada para la categoría de aeronave.

Equipamiento de la aeronave

Las aeronaves deben estar equipadas con instrumentos adecuados y con equipos de navegación apropiados para la ruta a volar. El equipamiento necesario se detalla en JAR OPS-1 y se cubre en las conferencias de Procedimientos Operacionales.

Niveles mínimos

Excepto cuando sea necesario para el despegue y el aterrizaje, o cuando esté especialmente autorizado por la autoridad de ATS correspondiente, un vuelo IFR debe volarse a un nivel que no sea inferior a la altitud mínima de vuelo establecida por el Estado cuyo territorio está siendo sobrevolado, o cuando no se especifique tal altitud mínima:

- Sobre terrenos elevados o áreas montañosas (no definido con mayor detalle), el nivel mínimo debe ser al menos 600 m (2000 ft) por encima del obstáculo más alto ubicado dentro de 8 km (5 NM) de la posición estimada de la aeronave.

• En áreas distintas a las mencionadas anteriormente, el nivel mínimo debe ser 300 m (1000 ft) por encima del obstáculo más alto dentro de 8 km (5 NM) de la posición estimada de la aeronave.

Separación entre aeronaves

Los métodos de separación y mínimos están estipulados en el Documento 4444 de PANS de la OACI. Dentro del CAS, el servicio de ATC se asegurará de que todos los vuelos controlados (vuelos provistos de ATC) estén separados entre sí para cumplir con el primer requisito del servicio, que es prevenir colisiones entre aeronaves. La separación puede ser ya sea:

- Vertical.
- Horizontal.
- Compuesta.

Se aplica según un estándar definido, conocido como mínimos de separación. La separación también se aplica para lograr espaciado entre aeronaves para contrarrestar los efectos de los vórtices de estela y facilitar llegadas y salidas programadas en aeródromos con mucho tráfico. La separación se aplica:

- Entre todos los vuelos en espacios aéreos de clases A y B
- Entre vuelos IFR en espacios aéreos de clases C, D y E
- Entre vuelos IFR y vuelos VFR en espacio aéreo de clase C
- Entre vuelos IFR y vuelos VFR especiales
- Entre vuelos VFR especiales, cuando así lo prescriba la autoridad ATS correspondiente

Los vuelos IFR en VMC durante el día en espacios aéreos de clases D y E pueden recibir autorización para ascender y descender mientras mantienen su propia separación.

Separación Mínima

No se dará autorización para realizar ninguna maniobra que reduzca el espaciado entre dos aeronaves por debajo del mínimo de separación aplicable. Se aplicarán separaciones mayores que los mínimos especificados siempre que se requieran precauciones adicionales debido a turbulencia de estela u circunstancias excepcionales como interferencia ilícita. Si no se puede mantener el tipo de separación o mínimo utilizado para separar dos aeronaves, se tomarán medidas para asegurar que exista o se establezca otro tipo de separación cuando la separación previamente aplicada se vuelva insuficiente.

Separación Compuesta

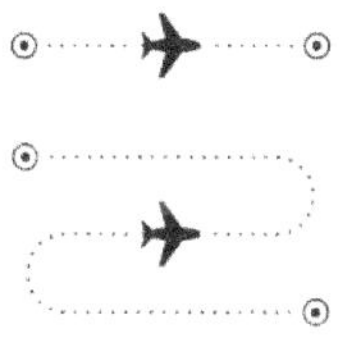

En circunstancias en las que (generalmente debido a una emergencia o un deterioro grave en la capacidad operativa) la aeronave no puede mantener los requisitos necesarios para una navegación normal, se puede especificar un estándar de separación de compromiso (de acuerdo con un acuerdo de RAN), en el cual la aeronave adoptará una altitud y un espaciado de trayectoria no menor a la mitad de lo especificado en los estándares de separación normal. El procedimiento de falla de RTF para la región NAT especifica la separación compuesta; de manera similar, el procedimiento sugerido para la interferencia ilícita, cuando el piloto no puede mantener comunicación RTF bidireccional, también especifica la separación compuesta.

Separación vertical

Siempre que sea posible, el ATC organizará la separación vertical para maximizar el uso del espacio aéreo y minimizar el uso horizontal del mismo. La separación vertical se obtiene al requerir que las aeronaves que utilizan el mismo ajuste del altímetro vuelen a diferentes niveles, expresados en términos de niveles de vuelo o altitudes dependiendo de la ruta magnética de la aeronave. El mínimo de separación vertical (VSM) es el siguiente:

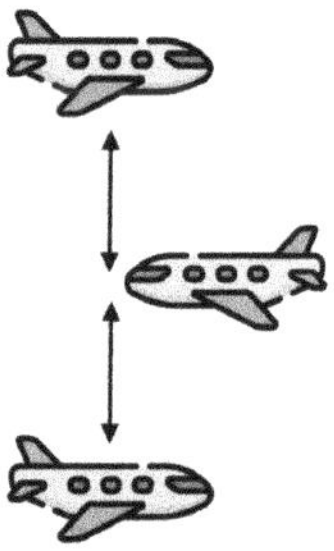

- Dentro del espacio aéreo designado (sujeto a acuerdo de RAN (RVSM)), se establece una separación nominal de 300 m (1000 ft) por debajo de FL410 o a un nivel superior, cuando así se prescriba para su uso en condiciones específicas, y una separación nominal de 600 m (2000 ft) en o por encima de este nivel.

- Dentro de todo otro espacio aéreo: se establece una separación nominal de 300 m (1000 ft) por debajo de FL290 y una separación nominal de 600 m (2000 ft) en o por encima de este nivel.

Niveles de Crucero RVSM

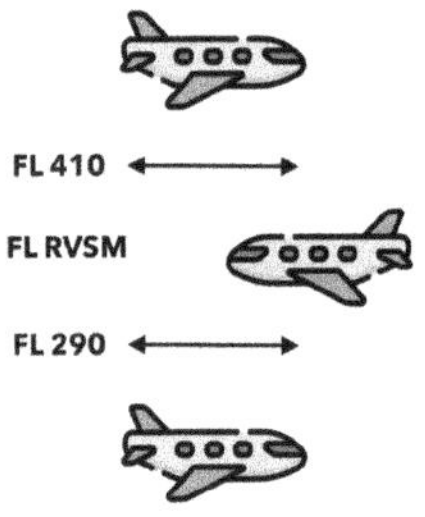

Los niveles de crucero RVSM definidos para el espacio aéreo son aquellos comprendidos entre FL290 y FL410, ambos inclusive. En otras palabras, tanto FL290 como FL410 son niveles RVSM.

Nivel Mínimo de Crucero

A menos que esté específicamente autorizado por la autoridad correspondiente, no se asignarán niveles de crucero por debajo de las altitudes mínimas de vuelo (establecidas por el Estado). Los Centros de Control de Área, cuando las circunstancias lo justifiquen, determinarán el nivel o niveles de vuelo utilizables más bajos para todo o parte del área de control de la cual son responsables, y los utilizarán al asignar niveles de vuelo y se los proporcionarán a los pilotos a solicitud.

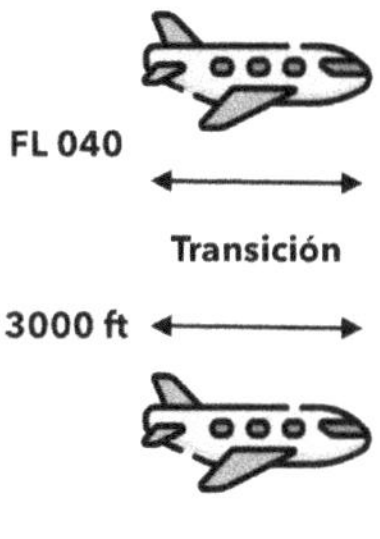

A menos que el Estado correspondiente lo disponga de otra manera, el nivel de vuelo utilizable más bajo es aquel que corresponde o está inmediatamente por encima de la altitud mínima de vuelo establecida. La porción de un área de control a la cual se aplica un determinado nivel de vuelo utilizable más bajo se determina de acuerdo con los requisitos de los servicios de tránsito aéreo.

Cambio de Nivel

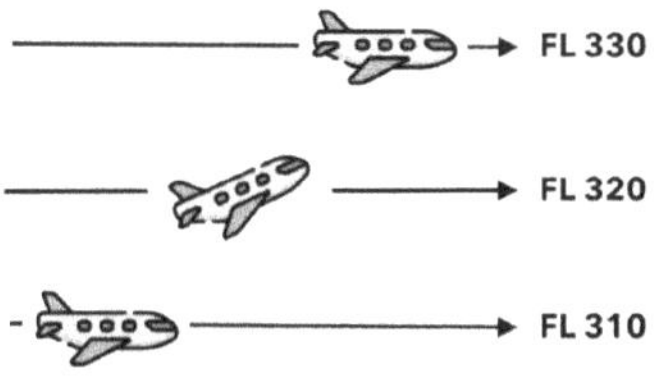

Si se requiere un cambio de nivel de crucero, la aeronave debe solicitar un cambio de nivel en ruta (después de recibir la autorización inicial). Las aeronaves autorizadas a ascender en crucero recibirán autorización para operar entre dos niveles. En las rutas de servicios de tránsito aéreo (vías aéreas) que se extienden más allá del área de control, los cambios de nivel se deben realizar sobre una ayuda a la navegación radioeléctrica.

Si se ha autorizado a una aeronave a ingresar en un área de control por debajo del nivel mínimo de crucero para ese espacio aéreo, el Centro de Control de Área emitirá una autorización para ascender, aunque el piloto no lo haya solicitado. Cuando sea necesario, se puede autorizar a una aeronave a cambiar de nivel de crucero en un momento, lugar o tasa especificados.

Mismo Destino

Si es factible, se asignarán niveles de crucero a aeronaves que tienen el mismo destino para facilitar la secuencia de aproximación correcta en el destino.

Prioridad

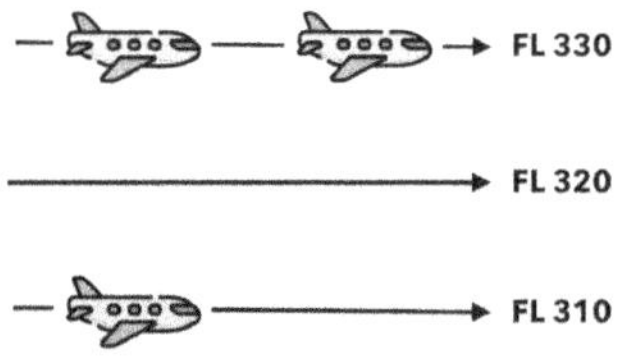

Una aeronave en un nivel de crucero tendrá prioridad sobre las aeronaves que soliciten ese nivel. Cuando dos o más aeronaves se encuentren en el mismo nivel, la aeronave precedente tendrá prioridad.

Asignación de Separación

Se puede asignar a una aeronave un nivel previamente ocupado por otra aeronave después de que esta última informe que lo ha abandonado. En caso de turbulencia severa o ascenso en crucero, la asignación se retendrá hasta que la otra aeronave informe en otro nivel separado por el mínimo requerido.

Separación Vertical durante Ascenso o Descenso

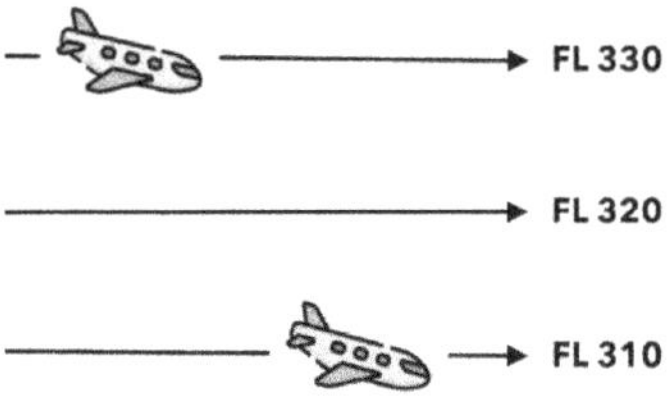

Los pilotos en comunicación directa entre sí pueden, con su consentimiento, recibir autorización para mantener una separación vertical especificada entre sus aeronaves durante el ascenso o descenso.

Autorización para Mantener Propia Separación en VMC

Si el piloto de una aeronave lo solicita, y es aceptado por el piloto de la otra aeronave y autorizado por el ATC, un vuelo operando en espacio aéreo de clases D y E en condiciones de vuelo visual (VMC) durante el día, se le puede autorizar a ascender o descender manteniendo su propia separación con respecto a otra aeronave, siempre y cuando se cumplan las siguientes condiciones:

- La autorización se aplica específicamente a la parte del vuelo por debajo de 10 000 ft.

- Se le proporcionan instrucciones alternativas al piloto para cubrir la pérdida de VMC.

- Si las condiciones empeoran hasta los límites de VMC, el piloto debe informar al ATC que está cumpliendo con las instrucciones alternativas.

Separación horizontal

La separación horizontal se refiere a la distancia entre las aeronaves en el plano horizontal. Esto puede ser: Separación lateral; o separación longitudinal: (aeronaves siguiendo la misma ruta), donde el estándar de separación se basa en el tiempo (o distancia) a lo largo de la trayectoria entre las aeronaves.

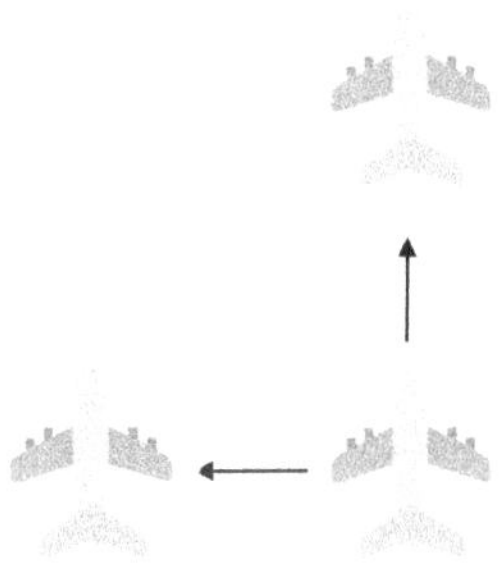

Separación lateral

La separación lateral se aplicará de manera que la distancia entre las porciones de las rutas previstas para las cuales las aeronaves deben estar separadas lateralmente nunca sea menor que una distancia establecida para tener en cuenta las imprecisiones de navegación, más un margen específico. Este margen será determinado por la autoridad correspondiente y se incluirá en las mínimas de separación lateral. La separación lateral de las aeronaves en el mismo nivel se logra mediante la operación en rutas diferentes o en ubicaciones geográficas diferentes, según lo determinado mediante observación visual, el uso de ayudas a la navegación o el uso de equipos de navegación de área (RNAV). El concepto de "margen" se aplica a todos los métodos de separación.

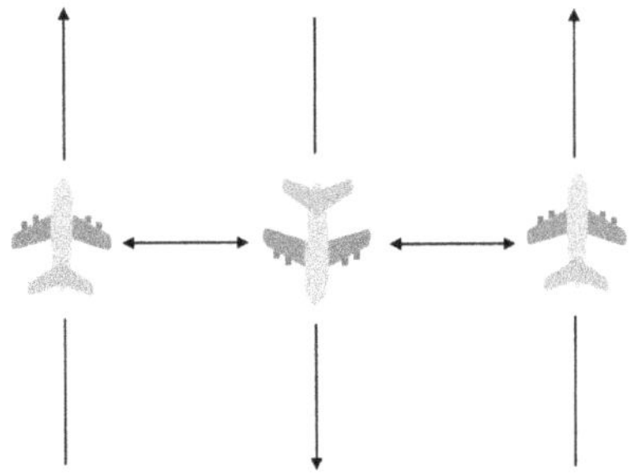

Criterios y mínimos de separación lateral

Los medios mediante los cuales se puede lograr la separación lateral incluyen los siguientes:

- Separación Geográfica. Separación indicada positivamente por informes de posición en diferentes ubicaciones geográficas determinadas visualmente o mediante referencia a una ayuda a la navegación.

- Separación de Trayectoria. Esto se puede lograr entre aeronaves que utilizan la misma ayuda a la navegación o método. Se logra al requerir que las aeronaves vuelen en trayectorias especificadas que están separadas por una cantidad mínima (ángulo y distancia) apropiada para la ayuda a la navegación o método utilizado, de la siguiente manera. Para los tres casos especificados, la distancia requerida es de 15 NM desde la posición común, con una divergencia de trayectoria de la siguiente manera:

- VOR: Divergencia de trayectoria de 15°

- NDB: Divergencia de trayectoria de 30°

- Punto de referencia (DR Fix): Divergencia de trayectoria de 45°

Diferentes ayudas a la navegación

La separación lateral entre aeronaves que utilizan diferentes ayudas a la navegación, o cuando una aeronave utiliza equipos RNAV, se establecerá asegurándose de que los espacios aéreos protegidos derivados (áreas de margen) no se superpongan.

Operaciones RNAV

Dentro del espacio aéreo designado o en rutas paralelas donde se especifique el RNP, la separación lateral entre aeronaves RNAV se puede obtener al requerir que las aeronaves se establezcan en las líneas centrales de las trayectorias paralelas o rutas ATS espaciadas a una distancia que garantice que los espacios aéreos protegidos no se superpongan.

Separación Longitudinal

La separación longitudinal es la aplicación más compleja de los estándares de separación. En el ATC sin control radar, asumirá que la posición de la aeronave es la que es informada por el piloto. Las posiciones informadas suelen ser puntos de informe especificados, instalaciones de navegación por radio o puntos geográficos para rutas no especificadas por ayudas a la navegación. En cualquier caso, la posición conocida por el controlador de tránsito aéreo es tan precisa como la informada por el piloto. Al aplicar la separación, se deben tener en cuenta todos los posibles errores y luego se aplica un margen de seguridad. La única situación en la que se pueden relajar los márgenes de seguridad es cuando los pilotos de las aeronaves a las que se debe aplicar la separación tienen (y han confirmado) contacto visual entre sí y pueden mantenerlo durante la maniobra necesaria a la que, de lo contrario, se aplicaría la separación. Claramente, los estándares de separación asumen operaciones en IMC. La precisión del informe de posición del piloto depende de la precisión del sistema de navegación utilizado. En áreas remotas (sobre los océanos y regiones desérticas) donde se pueden utilizar procedimientos RNAV, se debe aplicar una mayor protección. La separación longitudinal se aplica en términos de tiempo o distancia.

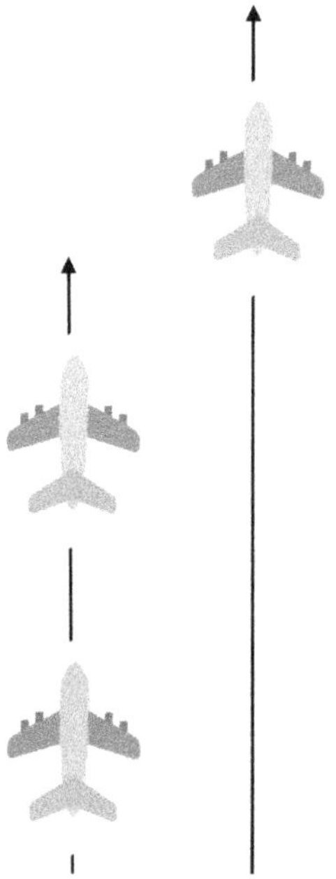

La separación longitudinal se aplica para que la distancia entre las posiciones estimadas de las aeronaves que se están separando nunca sea inferior a un mínimo prescrito. La separación longitudinal entre aeronaves que siguen la misma trayectoria o se alejan entre sí puede mantenerse mediante la técnica del número de Mach. La separación longitudinal se establece requiriendo que las aeronaves salgan en un momento específico, lleguen a una ubicación geográfica en un tiempo especificado o se mantengan en una ubicación geográfica hasta un tiempo determinado. A efectos de la aplicación de la separación longitudinal, se definen los siguientes términos:

- Misma trayectoria. El caso de misma trayectoria se aplica cuando las trayectorias de dos aeronaves que requieren separación convergen o divergen por una diferencia angular inferior a 45° o superior a 315° y cuyas árcas de protección se superponen.

- Trayectoria recíproca. El caso de trayectoria recíproca se aplica cuando las trayectorias de dos aeronaves que requieren separación convergen o divergen por una diferencia angular superior a 135° pero inferior a 225° y cuyas áreas de protección se superponen.

• Trayectorias cruzadas. Cuando hay una diferencia angular entre las trayectorias de 45° o más, pero no supera los 315° (es decir, de 045 a 135 grados o de 225 a 315 grados).

Separación longitudinal basada en el tiempo

Los estándares de separación aplicados dependen de si las aeronaves involucradas mantienen el mismo nivel o están ascendiendo/descendiendo.

Mismo Nivel

En esta situación, la separación depende del caso de la trayectoria:

• Caso de misma trayectoria. El estándar básico es que las aeronaves deben estar separadas al menos 15 minutos. Sin embargo, si los equipos de navegación de la ruta permiten una determinación frecuente de la posición y velocidad, el estándar básico puede reducirse a 10 minutos. El estándar puede reducirse aún más a 5 minutos si las aeronaves han salido del mismo aeródromo, han pasado por el mismo punto de reporte en ruta, o han informado sobre un punto fijo ubicado en relación con el punto de salida, para asegurar que se pueda establecer una separación de 5 minutos en el punto en el que la aeronave que parte se una a la ruta, con la condición fundamental de que la aeronave precedente tenga una TAS (velocidad verdadera) 20 kt o más rápida que la aeronave sucesora. Si la diferencia de velocidad se aumenta a 40 kt, el estándar puede reducirse aún más a 3 minutos.

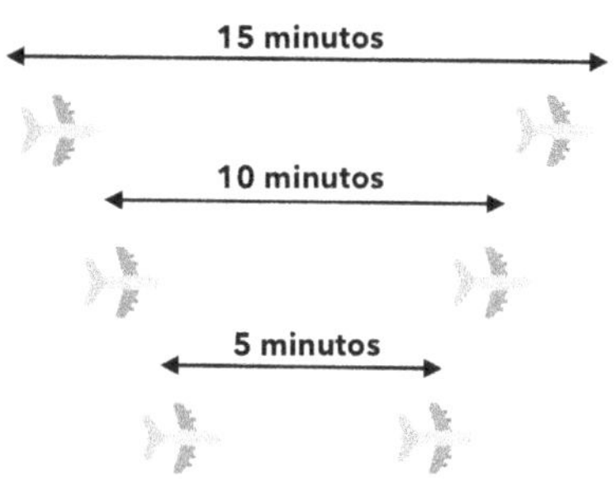

• Caso de trayectorias cruzadas. El estándar básico es de 15 minutos. Sin embargo, si se aplica la excepción de la determinación frecuente de posición y velocidad, el estándar puede reducirse a 10 minutos.

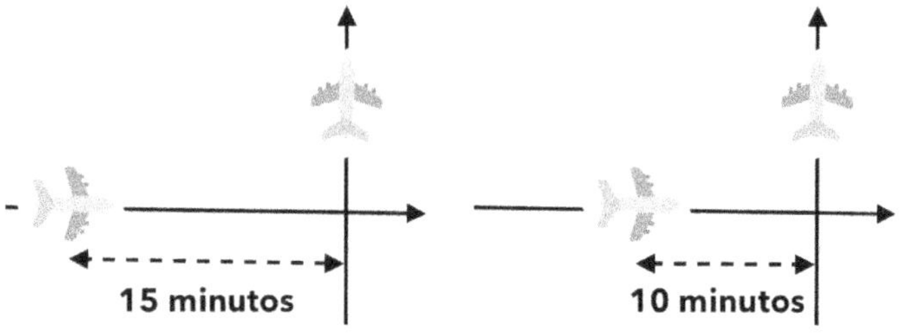

Ascenso o Descenso

Este es un caso más complejo. El problema solo existe cuando no hay separación vertical (las aeronaves están dentro del estándar de separación vertical entre sí). Nuevamente, depende de las trayectorias relativas de las aeronaves, pero ahora también involucra el caso de trayectoria recíproca.

- Misma trayectoria. Cuando una aeronave pasará a través del nivel de otra aeronave en la misma trayectoria, se aplica una separación de 15 minutos, pero puede reducirse a 10 minutos siempre que los equipos de navegación permitan una actualización frecuente de la posición y velocidad (y esté aprobado por la autoridad); o 5 minutos siempre que el cambio de nivel se inicie dentro de los 10 minutos posteriores al momento en que la segunda aeronave haya informado sobre un punto de reporte exacto.

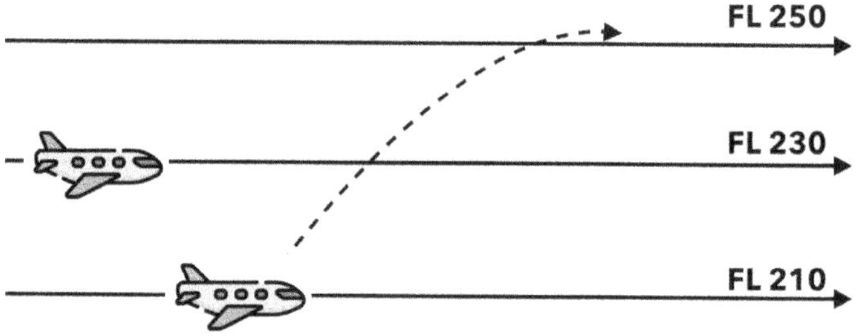

• Caso de trayectorias cruzadas. El estándar aplicable es de 15 minutos a menos que se disponga de una actualización frecuente de posición y velocidad, en cuyo caso el mínimo se reduce a 10 minutos.

• Trayectorias recíprocas. Cuando no se proporciona separación lateral, se debe proporcionar separación vertical durante al menos 10 minutos antes y después del momento estimado en el que las aeronaves hayan pasado. Una vez que se haya establecido (generalmente visualmente) que las aeronaves realmente han pasado, este mínimo no será necesario aplicarlo posteriormente.

Separación longitudinal basada en DME

Cuando se dispone de información DME, la separación puede establecerse manteniendo no menos de las distancias especificadas entre las posiciones de las aeronaves. En este caso, es un requisito mantener una comunicación directa piloto-controlador.

Aeronaves en el Mismo Nivel

Se aplican las situaciones previamente definidas de misma trayectoria y trayectorias cruzadas:

• Misma trayectoria. El estándar normal es de 20 NM (millas náuticas), siempre que cada aeronave utilice estaciones de DME en la trayectoria y la separación se verifique obteniendo lecturas de DME simultáneas de las aeronaves a intervalos frecuentes. El estándar puede reducirse a 10 NM si la aeronave líder mantiene una TAS (velocidad verdadera) 20 kt o más rápida que la aeronave sucesora.

- Trayectorias cruzadas. Se aplican los mismos estándares de misma trayectoria para el tráfico que se cruza, siempre que cada aeronave informe la distancia desde la estación ubicada en el punto de cruce y que el ángulo relativo de las trayectorias sea menor a 90°.

- Ascenso o descenso. La separación estándar es de 10 NM mientras no exista separación vertical, siempre que cada aeronave utilice estaciones de DME en la trayectoria adecuada; una aeronave mantenga un nivel mientras no exista separación vertical y la separación se establezca mediante lecturas de DME simultáneas de las aeronaves.

- Trayectorias recíprocas. Las aeronaves que utilizan DME en la trayectoria adecuada pueden recibir autorización para ascender o descender a través de niveles ocupados por otras aeronaves que también utilizan DME en la trayectoria adecuada, siempre que se haya establecido de manera positiva que las aeronaves se han cruzado y están separadas por al menos 10 NM (u otro valor especificado por la autoridad).

Separación longitudinal con número de Mach

La técnica del número de Mach requiere que las aeronaves de turbojet vuelen al número de Mach aprobado por ATC y soliciten su aprobación antes de realizar cualquier cambio de velocidad. Si es esencial realizar cambios inmediatos y temporales de velocidad (por ejemplo, debido a turbulencias), se debe informar a ATC lo antes posible. Si no es factible mantener el último número de Mach asignado durante las subidas y bajadas en ruta debido al rendimiento de la aeronave, los pilotos deben informar a ATC al momento de solicitar autorización para subir o descender. La separación se considerará existente cuando el intervalo de tiempo requerido esté presente, siempre que:

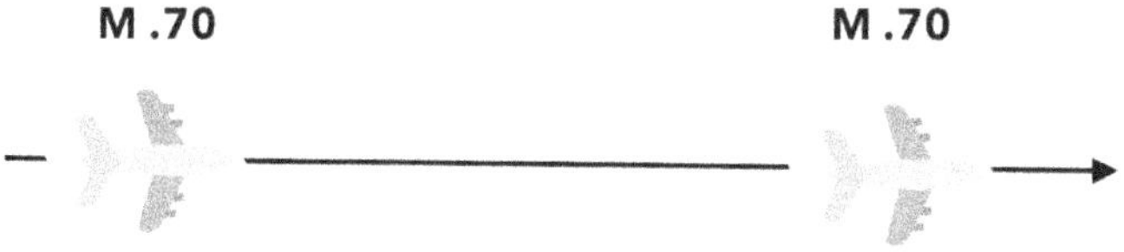

• Las aeronaves en cuestión hayan informado sobre el mismo punto de reporte y sigan la misma trayectoria o trayectorias continuamente divergentes hasta que se proporcione alguna otra forma de separación.

• Sea posible garantizar, mediante radar u otros medios, que el intervalo de tiempo adecuado existirá en el punto común desde el cual seguirán la misma trayectoria o divergirán continuamente, si las aeronaves aún no han informado sobre el mismo punto.

Separación longitudinal basada en RNAV

Esto es aplicable a aeronaves RNAV que operan a lo largo de rutas RNAV o rutas ATS definidas por VOR. En este caso, la separación se establece manteniendo la distancia especificada entre las posiciones de las aeronaves reportadas mediante el equipo RNAV. Es un requisito mantener una comunicación directa entre el controlador y el piloto.

Las posiciones RNAV se definen como puntos de ruta estándar comunes a ambas aeronaves sujetas a separación. El mínimo es una separación basada en la distancia de 150 km (80 NM) en lugar de los 10 minutos normalmente requeridos. También es esencial aplicar la técnica del número de Mach. En caso de falla del equipo que reduce la capacidad de navegación por debajo del requisito RNAV, se aplicará la separación longitudinal normal. Los requisitos específicos de separación son los siguientes:

Separación radar

El radar proporciona al controlador de tránsito aéreo (ATCO) información de posición bastante precisa para una aeronave bajo su control. Los problemas asociados con el radar incluyen la visualización de la distancia oblicua, la discriminación del objetivo y la pérdida de contacto cerca del radar. Estos "errores" deben manejarse de la misma manera que otros errores de posición: mediante la adición de "tolerancias" o márgenes de seguridad. Los errores son más pronunciados para los radares de largo alcance utilizados en el control de área, pero aún deben considerarse para los radares de terminal que cubren un área mucho más pequeña. El estándar básico de separación por radar es de 5 NM (millas náuticas). Esto significa que cuando dos aeronaves identificadas en el radar están al mismo nivel, no se les permite acercarse a menos de 5 NM entre sí en la pantalla del radar.

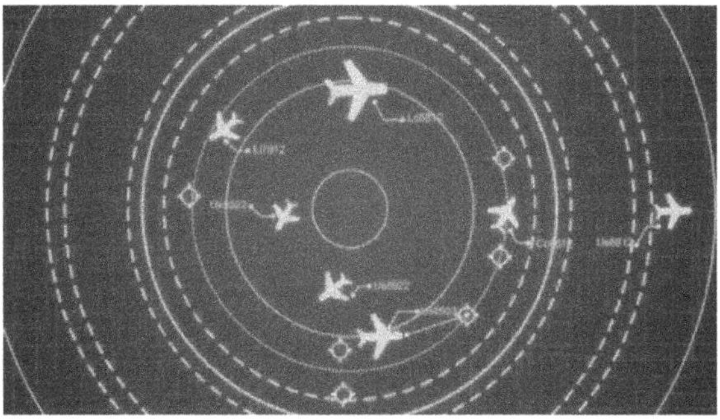

Reducción de la Separación por Radar

Cuando así lo apruebe la autoridad y en circunstancias específicas, el estándar de separación por radar (5 NM) puede reducirse. A continuación se describen estas ocasiones específicas:

- Capacidad del radar. Cuando las capacidades del radar lo permitan en una ubicación determinada, el estándar de separación por radar puede reducirse a 3 NM.

• Localizador del ILS. Cuando dos (o más) aeronaves se encuentran establecidas en el mismo curso del localizador del ILS y dentro de 10 NM del umbral de la pista de aterrizaje, el estándar de separación puede reducirse a 2.5 NM entre los contactos en la pantalla del radar.

• Aproximaciones Paralelas Simultáneas (dependiente del Modo 2). Durante las operaciones de aproximación en paralelo en modo 2, se aplica la separación por radar. Entre aeronaves en cursos de localizador adyacentes, el estándar de separación puede reducirse a 2 NM entre los contactos en la pantalla del radar.

Separación por estela turbulenta

Cuando las alas están generando sustentación (desde la rotación hasta el aterrizaje), se crean remolinos de estela detrás de la aeronave. Esto se manifiesta en forma de turbulencia, cuya severidad es función de la masa de la aeronave, siendo el peor caso una aeronave pesada a baja velocidad. Cuando una aeronave sigue a otra, se debe tener en cuenta el "efecto de la estela turbulenta", que en ciertas circunstancias puede ser tan severo como para causar daños estructurales (incluso daños catastróficos) en el fuselaje.

La naturaleza del remolino de estela es que emana de la punta del ala en forma de aire espiral desde el área de alta presión debajo del ala hacia el área de baja presión encima del ala. El remolino se dirige en forma de espiral hacia el interior hacia el fuselaje. El remolino existe a la altura de la aeronave generadora y hasta una altitud que no excede los 1000 pies por debajo de la aeronave generadora. Cuando la aeronave que sigue se encuentra dentro de este espacio aéreo, se debe aplicar la separación de turbulencia de estela.

Categorías de Turbulencia de Estela

Las aeronaves se clasifican por su masa máxima de despegue (MTOM) para relacionarse con la severidad de los remolinos de estela generados. Hay tres categorías de la siguiente manera:

- Pesada: todas las aeronaves con una MTOM igual o superior a 136 000 kg.

- Mediana: los tipos de aeronaves con una MTOM inferior a 136 000 kg pero superior a 7000 kg.

- Ligera: los tipos de aeronaves con una MTOM de 7000 kg o menos.

Separación Mínima

Se aplica la siguiente separación de turbulencia de estela procedimental (no radar). Ten en cuenta que los criterios solo son aplicables cuando la aeronave que sigue es "más ligera" que la aeronave precedente.

Aeronaves en aproximación

Existe un tiempo mínimo de operación para evitar los efectos adversos de la estela turbulenta:

- Una aeronave mediana detrás de una pesada: 2 minutos.
- Una aeronave ligera detrás de una mediana o pesada: 3 minutos.

Aeronaves en despegue

Para una aeronave ligera o mediana que despega detrás de una pesada, o una ligera detrás de una mediana, se aplica un mínimo de 2 minutos cuando están utilizando:

- La misma pista de despegue.
- Pistas paralelas separadas por menos de 760 m.
- Pistas cruzadas si las trayectorias de vuelo proyectadas se cruzan a la misma altitud o dentro de 1000 pies por debajo de la aeronave más pesada.
- Pistas paralelas separadas por 760 m o más si las trayectorias de vuelo proyectadas se cruzan a la misma altitud o dentro de 1000 pies por debajo de la aeronave más pesada.

Separación de múltiples tránsitos

Cuando más de una aeronave está llegando, es normal que la aeronave a menor altitud aterrice primero. Cuando sea necesario, se establecerá un patrón de espera para apilar las aeronaves que esperan para comenzar la aproximación bajo ciertas circunstancias, se le dará prioridad a una llegada posterior sobre las llegadas anteriores. Estas circunstancias son:

- Cuando una aeronave se ve obligada a aterrizar debido a factores que afectan la seguridad del avión o los ocupantes. En este caso, se espera que el piloto de la aeronave declare una emergencia utilizando los procedimientos "MAYDAY" o "PAN PAN".

- Aeronaves hospitalarias o aeronaves que transportan personas enfermas o gravemente heridas. Los vuelos hospitalarios internacionales deben utilizar la frase "PAN PAN MEDICAL" al inicio de las comunicaciones por radio.

- Aeronaves involucradas en operaciones de búsqueda y rescate (SAR).

- Otras aeronaves según lo determine la autoridad competente.

Procedimientos

Es debe establecer un IAF (initial approach fix) como punto de inicio de aproximación por instrumentos. El límite vertical del IAF puede estar limitado por consideraciones de espacio aéreo y, cuando esté lleno, se establecerán IAF adicionales en radiofaros remotos. Las aeronaves que llegan recibirán autorización para ingresar al IAF en el nivel más bajo disponible. Se utilizan los procedimientos normales de ingreso a patrón de espera.

Las aeronaves recibirán autorización para iniciar el procedimiento por instrumentos desde la altitud de espera más baja (el fondo del IAF) utilizando procedimientos de llegada sincronizada. Si un piloto indica su intención de continuar en espera esperando una mejora del clima cuando otros pilotos desean realizar una aproximación por instrumentos, se instruirá al piloto en espera a tomar otro patrón de espera o se le dirigirá a unirse al patrón en la parte superior. Si un piloto decide intentar una aproximación por instrumentos mientras otros permanecen en espera, un intento fallido resultará en que la aeronave sea dirigida de regreso al IAF en la parte superior.

Tiempo Esperado de Aproximación (EAT)

Cuando una aeronave ingresa a un IAF, el controlador ATCO proporcionará un EAT que debe ser reconocido por el piloto. Este será el tiempo en el que el piloto puede esperar comenzar la aproximación por instrumentos. Inicialmente, el EAT no será inferior a 30 minutos después del momento de ingreso. Si se espera que la aeronave no sea retenida por más de 20 minutos, se informará al piloto "no se espera demora". A medida que avanza la secuencia de aproximación, si es necesario, el EAT se revisará en intervalos de 5 minutos, se transmitirá al piloto y se reconocerá.

Esperas en Ruta

A menudo, es preferible retener una aeronave en ruta a su altitud de crucero en lugar de progresar el vuelo a la etapa final y retenerla a baja altitud con altas tasas de consumo de combustible. Cuando se conocen retrasos y se mantiene una aeronave en ruta, se otorgará permiso por el tiempo transcurrido en espera en ruta al insertar la aeronave en la secuencia de aproximación por delante de otras aeronaves, de modo que la aeronave que ha estado en espera en ruta no sea penalizada.

Si se le indica a una aeronave en ruta que realice una espera mientras está en ruta, esto puede requerir establecer la espera sobre un punto no estándar (una ciudad, un punto de latitud y longitud, un punto significativo a lo largo de la ruta), es decir, no sobre un punto de navegación autorizado sobre el cual se basa una espera reconocida. En este caso, a menos que se indique lo contrario, la aeronave debe realizar una espera siempre por derecha.